好玩的数学奇遇记

HAOWAN DE SHUXUE QIYUJI

二年级

ER NIAN JI

王艳●著

图书在版编目(CIP)数据

好玩的数学奇遇记.二年级/王艳着著.—哈尔滨:哈尔滨工业大学出版社,2016.1(2025.4 重印)
ISBN 978-7-5603-5693-8

Ⅰ.①好… Ⅱ.①王… Ⅲ.①小学数学课-课外读物 Ⅳ.①G624.503

中国版本图书馆 CIP 数据核字(2015)第 263643 号

策划编辑　张凤涛
责任编辑　张凤涛
装帧设计　恒润设计
出版发行　哈尔滨工业大学出版社
社　　址　哈尔滨市南岗区复华四道街 10 号　邮编 150006
传　　真　0451-86414749
网　　址　http://hitpress.hit.edu.cn
印　　刷　哈尔滨市石桥印务有限公司
开　　本　787mm×1092mm　1/16　印张 13.5　字数 180 千字
版　　次　2016 年 1 月第 1 版　2025 年 4 月第 2 次印刷
书　　号　ISBN 978-7-5603-5693-8
定　　价　35.00 元

目录

jié shí xiǎo xiān nǚ

结识小仙女

zì cóng jīng lì le shén qí de shù xué wáng guó zhī lǚ kù xiǎo
自从经历了神奇的数学王国之旅，酷小
bǎo hé méng xiǎo bèi jiù gèng ài kàn shū gèng xǐ huan shù xué le zhè
宝和萌小贝就更爱看书，更喜欢数学了。这
tiān kù xiǎo bǎo hé méng xiǎo bèi zhèng zài jiā kàn shū tū rán tīng dào
天，酷小宝和萌小贝正在家看书，突然听到
yǒu rén jiào kù xiǎo bǎo méng xiǎo bèi
有人叫："酷小宝！萌小贝！"

kù xiǎo bǎo hé méng xiǎo bèi shùn zhe shēng yīn zhǎo qù hēi shì
酷小宝和萌小贝顺着声音找去。嘿！是
gè xiǎo xiān nǚ shǒu li ná zhe yí gè xīng xing mó fǎ bàng chuān zhe
个小仙女！手里拿着一个星星魔法棒，穿着
fěn nèn nèn de shā qún shān dòng zhe yì shuāng jīng yíng de chì bǎng tíng
粉嫩嫩的纱裙，扇动着一双晶莹的翅膀，停
zài bàn kōng méng xiǎo bèi jīng qí de wèn nǐ shì xiǎo xiān nǚ ma nǐ
在半空。萌小贝惊奇地问："你是小仙女吗？你
zěn me zhè me xiǎo ne
怎么这么小呢？"

xiǎo xiān nǚ wēi wēi yáng qǐ chún jiǎo lán lán de dà yǎn jing shǎn
小仙女微微扬起唇角，蓝蓝的大眼睛闪
yào zhe guāng máng jú hóng sè de tóu fa xiàng bèi wēi fēng chuī dòng
耀着光芒，橘红色的头发像被微风吹动

zhe shì de piāo sàn zài ěr biān tā shuō wǒ jiào xiǎo xiān yuè zhǐ
着似的飘散在耳边，她说：“我叫小仙乐，只
yǒu lí mǐ
有10厘米。”

méng xiǎo bèi lèng le lí mǐ lí mǐ shì duō gāo mā
萌小贝愣了：“10厘米？10厘米是多高？妈
ma shuō wǒ yǐ jīng lí mǐ le nà wǒ bǐ nǐ gāo de duō le zài
妈说我已经118厘米了，那我比你高得多了。再
zhǎng lí mǐ zuò chē jiù gāi mǎi piào le
长2厘米坐车就该买票了。”

kù xiǎo bǎo shuō hēi hēi wǒ lí mǐ yǐ jīng xū yào mǎi
酷小宝说：“嘿嘿，我120厘米，已经需要买
piào le
票了。”

xiǎo xiān nǚ xiàn mù de shuō nǐ men zhǎng de zhēn gāo wǒ yào
小仙女羡慕地说：“你们长得真高，我要
néng zhǎng dào nǐ men zhè me gāo jiù hǎo le
能长到你们这么高就好了！”

méng xiǎo bèi xué zhe mā ma de kǒu qì shuō nǐ duō chī shuǐ guǒ
萌小贝学着妈妈的口气说：“你多吃水果，
duō chī fàn shǎo chī lā jī shí pǐn hěn kuài jiù néng zhǎng gāo la
多吃饭，少吃垃圾食品，很快就能长高啦！”

xiǎo xiān nǚ gē gē xiào le shuō wǒ bù chī fàn wǒ men xiān
小仙女咯咯笑了，说：“我不吃饭，我们仙
nǚ zhǐ chī huā bànr hē lù shui
女只吃花瓣儿、喝露水。”

méng xiǎo bèi jīng yà de zhāng dà le zuǐ ba huā bànr lù
萌小贝惊讶地张大了嘴巴：“花瓣儿？露

shui guài bu de nǐ bù zhǎng gè ne
水？怪不得你不长个呢！”

kù xiǎo bǎo xiào xī xī de wèn nǐ men nà lǐ yǒu xiǎo xiān
酷小宝笑嘻嘻地问：“你们那里有小仙

nán ma
男吗？”

xiǎo xiān nǚ pū chī xiào le shuō méi yǒu xiǎo xiān nán zhǐ
小仙女“扑哧”笑了，说：“没有小仙男，只

yǒu xiǎo hú tu xiān
有小糊涂仙。”

kù xiǎo bǎo yì tīng xiǎo hú tu xiān lì mǎ lái le jīng
酷小宝一听“小糊涂仙”，立马来了精

shen xiǎo hú tu xiān yí dìng jīng cháng fàn hú tu nào xiào huà shì
神：“小糊涂仙一定经常犯糊涂，闹笑话，是

bu shì
不是？”

xiǎo xiān nǚ hē hē xiào zhe shuō tā dào yě bú suàn hú tu
小仙女呵呵笑着说：“他倒也不算糊涂。”

kù xiǎo bǎo hé méng xiǎo bèi qí shēng shuō zhēn xiǎng jiàn jian xiǎo
酷小宝和萌小贝齐声说：“真想见见小

hú tu xiān
糊涂仙！”

nán dào nǐ men jiù bù xǐ huan wǒ ma xiǎo xiān nǚ shuō wán
“难道你们就不喜欢我吗？”小仙女说完，

shān dòng jīng yíng de chì bǎng zài kōng zhōng fēi xuán yì quān shēn hòu
扇动晶莹的翅膀，在空中飞旋一圈，身后

yíng guāng shǎn shuò xiàng yān huā yí yàng xuàn lì
荧光闪烁，像烟花一样绚丽。

kù xiǎo bǎo hé méng xiǎo bèi lián lián jīng jiào wā zhēn piào
酷小宝和萌小贝连连惊叫:“哇——真漂

liang xǐ huan fēi cháng xǐ huan
亮!喜欢,非常喜欢!”

xiǎo xiān nǚ yōu shāng de shuō qí shí wǒ běn lái gēn nǐ men
小仙女忧伤地说:“其实,我本来跟你们

yí yàng gāo de kě shì xiàn zài wǒ zhǐ yǒu lí mǐ
一样高的。可是,现在我只有10厘米。”

méng xiǎo bèi wèn lí mǐ jù tǐ shì duō gāo wǒ men zhēn
萌小贝问:“10厘米具体是多高?我们真

de bù zhī dào
的不知道。”

xiǎo xiān nǚ shuō nǐ bǎ zhí chǐ ná chu lai lì zài zhuō
小仙女说:“你把直尺拿出来,立在桌

zi shang
子上。”

méng xiǎo bèi ná chū zhí chǐ lì zài zhuō zi shang shuō bà ba
萌小贝拿出直尺立在桌子上,说:“爸爸

gāng gāng gěi wǒ men mǎi de zhí chǐ yīn wèi kāi xué wǒ men jiù shàng èr
刚刚给我们买的直尺,因为开学我们就上二

nián jí le bà ba shuō èr nián jí yào yòng dào zhí chǐ
年级了。爸爸说二年级要用到直尺。”

xiǎo xiān nǚ fēi guo qu kào zhí chǐ zhàn hǎo shuō kàn wǒ de
小仙女飞过去,靠直尺站好,说:“看我的

tóu dǐng shì fǒu hé shù zì de kè dù duì qí
头顶是否和数字10的刻度对齐?”

kù xiǎo bǎo kàn hòu yáo tóu shuō ňg hái bú dào
酷小宝看后摇头说:“嗯——还不到10

呢！”

小仙女猛地一跳：“啊！不到10？我又变矮了？”

萌小贝也替小仙女难过，点点头说：“是比10低一点儿。”

小仙女低头一看，笑了笑，说：“呵呵，是我错啦。我的脚应该和0刻度对齐才可以！你的直尺头儿上空出了一小截才是0刻度呢！”

说完，她向上飞了一点儿，脚底和0刻度对齐了，说：“这次你们再看看。”

萌小贝一看，还是比10低一点点，刚要说话，小仙女提醒她：“你们看直尺时视线要和我的头顶平行才行。你俩站那么高，我肯定又没到10厘米，对不对？”

酷小宝和萌小贝往下蹲了一点儿，让视线与小仙女的头顶对齐，果然，不多也不少，小仙女的头顶正好到10，也就是10厘米。

酷小宝开心地说：“原来从0到10就是10厘米，那么从0到1就是1厘米，到2就是2厘米，到3就是3厘米，从0到20就是20厘米，对不对？”

萌小贝问：“也就是两个数字间的长度就是1厘米，对不对？”

小仙女微笑着说：“对极了！你们真聪明！”

酷小宝和萌小贝非常感谢小仙女，说：“小仙乐，谢谢你教会我们用直尺量长度！”

酷小宝和萌小贝的话音刚落，神奇的事

qing fā shēng le xiǎo xiān nǚ de shǒu li biàn chū yì bǎ sàn fā zhe
情发生了：小仙女的手里，变出一把散发着

jīn sè guāng máng de jīn yào shi
金色光芒的金钥匙！

shòu yāo qù shù xué chéng
受邀去数学城

shǒu li ná zhe jīn yào shi xiǎo xiān nǚ xiào mī le yǎn shēn tǐ
手里拿着金钥匙，小仙女笑眯了眼，身体

fā chū fěn nèn ér róu hé de liàng guāng kù xiǎo bǎo hé méng xiǎo bèi jīng
发出粉嫩而柔和的亮光。酷小宝和萌小贝惊

dāi le xiǎo xiān nǚ zhǎng gāo le yì diǎnr ér qiě gèng jiā piào liang
呆了：小仙女长高了一点儿，而且更加漂亮

le
了！

xiǎo xiān nǚ shuō hěn shén qí duì ma nǐ men kě yǐ bāng wǒ
小仙女说：“很神奇，对吗？你们可以帮我

zhǎng gāo měi dāng wǒ tīng dào yǒu xiǎo péng yǒu fā zì nèi xīn de duì wǒ
长高。每当我听到有小朋友发自内心地对我

shuō xiè xie nǐ jiù huì zhǎng gāo lí mǐ nǐ men liǎ tóng shí duì
说‘谢谢你’，就会长高1厘米。你们俩同时对

wǒ shuō xiè xie suǒ yǐ wǒ zhǎng gāo le lí mǐ o
我说谢谢，所以，我长高了2厘米哦！”

méng xiǎo bèi kāi xīn de shuō tài shén qí le nǐ jiāo wǒ men
萌小贝开心地说：“太神奇了！你教我们

shù xué zhī shi wǒ men bāng nǐ zhǎng gāo mā ma cháng shuō zhù rén
数学知识，我们帮你长高。妈妈常说‘助人

děng yú zhù jǐ jiù shì zhè ge yì si ba
等于助己’，就是这个意思吧？”

xiǎo xiān nǚ bì shàng yì zhī yǎn jing zuò gè guǐ liǎn xiàn zài
小仙女闭上一只眼睛，做个鬼脸：“现在

nǐ men hái xiǎng xiǎo hú tu xiān ma xǐ huan wǒ hái shi xǐ huan
你们还想小糊涂仙吗？喜欢我还是喜欢

tā
他？”

méng xiǎo bèi lián máng dá xǐ huan nǐ fēi cháng xǐ huan nǐ
萌小贝连忙答：“喜欢你！非常喜欢你！

tài shén qí le
太神奇了！”

kù xiǎo bǎo xiào xī xī de shuō yě xǐ huan xiǎo hú tu xiān
酷小宝笑嘻嘻地说：“也喜欢小糊涂仙！”

xiǎo xiān nǚ hng le yì shēng jiǎ zhuāng shēng qì de shuō
小仙女“哼”了一声，假装生气地说：

kàn dào wǒ shǒu li de jīn yào shi le ma zhè shì shù xué chéng de jīn
“看到我手里的金钥匙了吗？这是数学城的金

yào shi méng xiǎo bèi gēn zhe wǒ qù kù xiǎo bǎo jiù suàn le ràng tā
钥匙，萌小贝跟着我去，酷小宝就算了，让他

děng xiǎo hú tu xiān ba
等小糊涂仙吧！”

kù xiǎo bǎo yì tīng shù xué chéng liǎng yǎn fàng guāng shuō
酷小宝一听“数学城”，两眼放光，说：

gèng xǐ huan nǐ yě dài wǒ qù ba
“更喜欢你！也带我去吧！”

xiǎo xiān nǚ mǎn yì de diǎn dian tóu gē gē xiào zhe shuō tōng
小仙女满意地点点头，咯咯笑着说：“通

guò le kǎo yàn cái néng dài nǐ men qù
过了考验才能带你们去！”

kù xiǎo bǎo hé méng xiǎo bèi pāi pai xiōng pú shuō bú pà kǎo
酷小宝和萌小贝拍拍胸脯说：“不怕考
yàn huān yíng lái kǎo yàn
验！欢迎来考验！”

xiǎo xiān nǚ huī yí xià shǒu li de mó fǎ bàng kù xiǎo bǎo shǒu
小仙女挥一下手里的魔法棒，酷小宝手
li duō chū yì bǎ duàn diào de chǐ zi méng xiǎo bèi shǒu li chū xiàn le
里多出一把断掉的尺子，萌小贝手里出现了
yì zhāng huà mǎn xiàn de zhǐ
一张画满线的纸。

shì yì bǎ duàn diào de chǐ zi kù xiǎo bǎo yí huò bù jiě
“是一把断掉的尺子？”酷小宝疑惑不解，
shuō méi yǒu kè dù shì cóng kè dù kāi shǐ de
说，“没有0刻度，是从刻度4开始的。”

xiǎo xiān nǚ shuō duì ya yòng tā cè liáng chū méng xiǎo bèi shǒu
小仙女说：“对呀。用它测量出萌小贝手
li nà zhāng zhǐ shang xiàn de cháng dù jiù suàn tōng guò kǎo yàn la zhù
里那张纸上线的长度，就算通过考验啦！注
yì o nà xiē xiàn zhōng zhǐ yǒu yì tiáo shì xiàn duàn nǐ děi xiān bǎ tā
意哦，那些线中只有一条是线段，你得先把它
zhǎo chu lai
找出来。”

kù xiǎo bǎo hé méng xiǎo bèi kàn le kàn nà xiē xiàn yǒu zhí zhí
酷小宝和萌小贝看了看那些线，有直直
de yǒu wān wān de yǒu yì duān dài gè xiǎo hēi diǎn de yǒu liǎng tóu
的，有弯弯的，有一端带个小黑点的，有两头
dài xiǎo hēi diǎn de hái yǒu liǎng tóu dōu bú dài xiǎo hēi diǎn de
带小黑点的，还有两头都不带小黑点的。

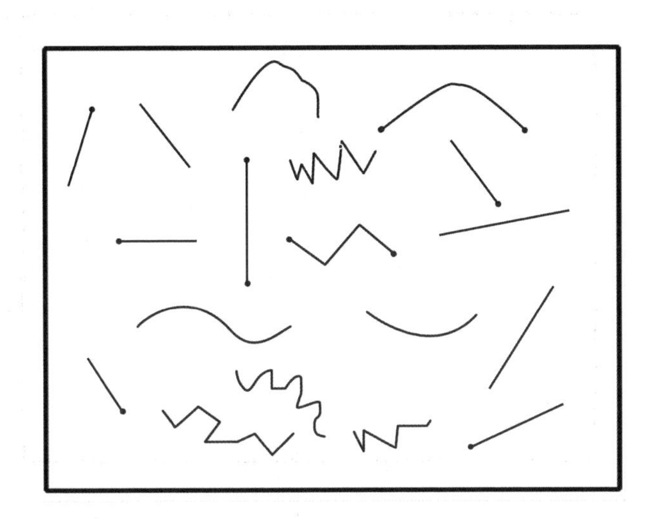

liǎng gè rén zhèng mí hu shí xiǎo xiān nǚ shuō huà le xià miàn

两个人正迷糊时，小仙女说话了：“下面

gěi nǐ men yì xiē tí shì xiàn duàn de tè diǎn shì zhí zhí de kě yǐ

给你们一些提示：线段的特点是直直的，可以

cè liáng chū cháng dù yě jiù shì yǒu liǎng gè duān diǎn

测量出长度，也就是有两个端点。”

tīng le xiǎo xiān nǚ de huà kù xiǎo bǎo hé méng xiǎo bèi sī kǎo

听了小仙女的话，酷小宝和萌小贝思考

le piàn kè hěn kuài jiù zhǎo dào le nà tiáo xiàn duàn

了片刻，很快就找到了那条线段。

kě shì shǒu li de chǐ zi shì duàn de gāng gāng xiǎo xiān nǚ

可是，手里的尺子是断的，刚刚小仙女

jiāo tā men yòng chǐ zi cè liáng shì yào bǎ kè dù hé suǒ cè liáng wù

教他们用尺子测量，是要把0刻度和所测量物

tǐ de yì duān duì qí de

体的一端对齐的。

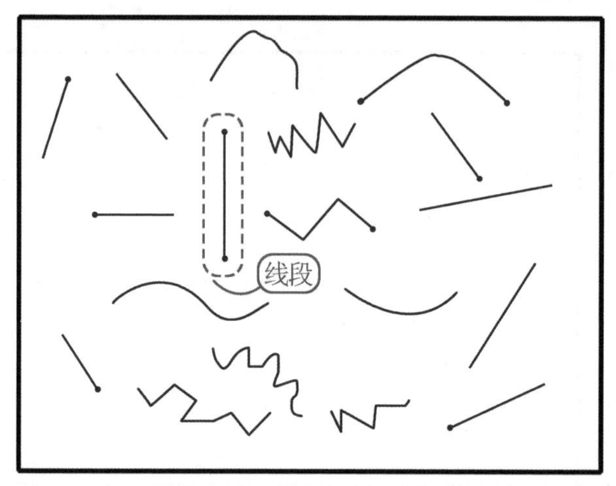

xiàn zài méi yǒu kè dù zěn me cè liáng ne
现在，没有0刻度怎么测量呢？

kù xiǎo bǎo xué yī xiū dǎ zuò bì shàng yǎn jing liǎng gēn shí zhǐ zài nǎo dài shang huà le jǐ quānr
酷小宝学一休打坐，闭上眼睛，两根食指在脑袋上画了几圈儿。

méng xiǎo bèi kàn zhe kù xiǎo bǎo de yàng zi xiào zhe shuō kù xiǎo bǎo yī xiū shì guāng tóu nǐ zhè nóng mì de tóu fa bǎ nǎo zi dōu gěi gài hú tu le ba bǎ chǐ zi gěi wǒ wǒ yǐ jīng zhī dào zěn me cè liáng le
萌小贝看着酷小宝的样子，笑着说："酷小宝，一休是光头，你这浓密的头发，把脑子都给盖糊涂了吧？把尺子给我，我已经知道怎么测量了！"

kù xiǎo bǎo xué yī xiū zhēng kāi fàng guāng de shuāng yǎn shuō wǒ yě xiǎng dào bàn fǎ la
酷小宝学一休睁开放光的双眼，说："我也想到办法啦！"

酷小宝把断尺递给萌小贝，说：“萌小贝，女士优先，我让着你。”

萌小贝嘻嘻笑着说：“这才像个哥哥样！否则我该叫你弟弟了！”

萌小贝指着纸上的线段说：“这是那条线段。”

然后，萌小贝拿出那把断尺，说：“刚刚我已经知道了尺子上两个数字之间的长度是1厘米。所以，就算没有0刻度，也可以使用。这把尺子是从数字4开始的，我就把4当作0刻度，把线段的一端与刻度4对齐，这时，线段的另一端和刻度7对齐，从4到7之间有3个大格，所以，这条线段长3厘米。”

小仙女听着萌小贝的解说，微笑着点

diǎn tóu
点头。

kù xiǎo bǎo shuō méng xiǎo bèi gāng gāng jiǎng de hěn xiáng xì
酷小宝说：“萌小贝刚刚讲得很详细，

wǒ zài bǔ chōng yì diǎn bù guǎn shì cóng kè dù jǐ kāi shǐ cè liáng
我再补充一点：不管是从刻度几开始，测量

jié guǒ dōu shì yòng yòu biān de kè dù jiǎn qù zuǒ biān de kè dù rú guǒ
结果都是用右边的刻度减去左边的刻度。如果

wǒ bǎ kè dù dàng zuò kè dù yǔ xiàn duàn de yì duān duì qí lìng
我把刻度6当作0刻度与线段的一端对齐，另

yì duān zhèng hǎo dào kè dù yě kě yǐ cè liáng chū
一端正好到刻度9，9－6＝3，也可以测量出

zhè tiáo xiàn duàn cháng lí mǐ
这条线段长3厘米。”

xiǎo xiān nǚ diǎn dian tóu kuā jiǎng dào nǐ men liǎ dōu fēi cháng
小仙女点点头，夸奖道：“你们俩都非常

cōng míng
聪明！”

kù xiǎo bǎo hé méng xiǎo bèi yì kǒu tóng shēng de shuō xiǎo xiān
酷小宝和萌小贝异口同声地说：“小仙

yuè xiè xie nǐ xiè xie nǐ yòu ràng wǒ men xué dào le xīn de shù xué
乐，谢谢你！谢谢你又让我们学到了新的数学

zhī shi
知识！”

liǎng rén huà yīn gāng luò xiǎo xiān nǚ shēn shang fā chū liàng
两人话音刚落，小仙女身上发出亮

guāng yòu zhǎng gāo le lí mǐ
光，又长高了2厘米。

qí zhe lǎo hǔ hǎo fēng guāng

骑着老虎好风光

xiǎo xiān nǚ wēi xiào zhe huī hui mó fǎ bàng hé jīn yào shi
小仙女微笑着，挥挥魔法棒和金钥匙，
shuō zǒu xiàn zài jiù dài nǐ men qù hǎo wán de shù xué chéng
说：“走，现在就带你们去好玩的数学城！”

yí dào jīn guāng shǎn guò zhuǎn shùn jiān tā men zhàn zài le yí
一道金光闪过，转瞬间，他们站在了一
zuò dà chéng bǎo qián chéng bǎo shang xiě zhe huān yíng xiǎo péng yǒu lái
座大城堡前，城堡上写着：“欢迎小朋友来
shù xué chéng wán
数学城玩。”

kù xiǎo bǎo hé méng xiǎo bèi pǎo jìn chéng bǎo xiǎo xiān nǚ fēi suí
酷小宝和萌小贝跑进城堡，小仙女飞随
zuǒ yòu
左右。

tū rán qián miàn pǎo lái yì zhī dà lǎo hǔ shàng miàn hái zuò
突然，前面跑来一只大老虎，上面还坐
zhe yí gè xiǎo nán háir bǎ kù xiǎo bǎo hé méng xiǎo bèi xià huài le
着一个小男孩儿，把酷小宝和萌小贝吓坏了。

xiǎo xiān nǚ jí máng ān wèi tā men bié pà zhè shì diàn zǐ
小仙女急忙安慰他们：“别怕，这是电子
hǔ dàn hé zhēn de yí yàng nǐ men yě kě yǐ qí
虎，但和真的一样，你们也可以骑。”

kù xiǎo bǎo hé méng xiǎo bèi tīng le xiǎo xiān nǚ de huà tí dào
酷小宝和萌小贝听了小仙女的话，提到
sǎng zi yǎnr de xīn chè dǐ fàng xià le tā men yě xiǎng qí shàng diàn
嗓子眼儿的心彻底放下了。他们也想骑上电
zǐ hǔ wēi fēng lǐn lǐn de pǎo jǐ quān
子虎，威风凛凛地跑几圈。

xiǎo xiān nǚ bǎ kù xiǎo bǎo hé méng xiǎo bèi dài dào lǐng lǎo hǔ de
小仙女把酷小宝和萌小贝带到领老虎的
dì fang lǎo hǔ kě zhēn duō dōu xiàng zhēn de yí yàng
地方。老虎可真多，都像真的一样。

xiǎo xiān nǚ xiào zhe shuō nǐ men xǐ huan nǎ zhī jǐn guǎn tiāo
小仙女笑着说：“你们喜欢哪只尽管挑
xuǎn bú yào qián de
选，不要钱的！”

kù xiǎo bǎo hé méng xiǎo bèi xiào xī xī de shuō wǒ men zhī dào
酷小宝和萌小贝笑嘻嘻地说：“我们知道
bú yào qián zhǐ zuò shù xué tí jiù xíng le yào bù zěn me huì jiào shù
不要钱，只做数学题就行了，要不怎么会叫数
xué chéng ne
学城呢？”

xiǎo xiān nǚ gē gē xiào zhe shuō duì xuǎn ba
小仙女咯咯笑着说：“对！选吧！”

kù xiǎo bǎo hé méng xiǎo bèi fēn bié xuǎn le yì zhī kàn qi lai hěn
酷小宝和萌小贝分别选了一只看起来很
wēi fēng de lǎo hǔ
威风的老虎。

xiǎo xiān nǚ fēi dào lǎo hǔ gēn qián fēn bié zài liǎng zhī lǎo hǔ tóu
小仙女飞到老虎跟前，分别在两只老虎头

shang yì pāi měi zhī lǎo hǔ zuǐ li gè tǔ chū yì zhāng tí kǎ
上一拍，每只老虎嘴里各吐出一张题卡。

xiǎo xiān nǚ bǎ tí kǎ dì gěi kù xiǎo bǎo hé méng xiǎo bèi shuō
小仙女把题卡递给酷小宝和萌小贝，说：

wán chéng shàng miàn de tí mù nǐ men jiù kě yǐ qí le
“完成上面的题目，你们就可以骑了。”

méng xiǎo bèi yí kàn hē hē wǒ gāng gāng xué guo tí kǎ
萌小贝一看：“呵呵！我刚刚学过！”题卡

shang shì yì tiáo xiàn duàn ràng cè liáng xiàn duàn de cháng dù
上是一条线段，让测量线段的长度。

méng xiǎo bèi de tí kǎ shang biàn chū yì bǎ chǐ zi méng xiǎo bèi
萌小贝的题卡上变出一把尺子，萌小贝

ná qǐ chǐ zi bǎ chǐ zi de kè dù duì qí xiàn duàn de zuǒ duān
拿起尺子，把尺子的0刻度对齐线段的左端

diǎn chǐ zi hé xiàn duàn píng xíng xiàn duàn de yòu duān diǎn zhèng hǎo dào
点，尺子和线段平行，线段的右端点正好到

méng xiǎo bèi shuō lí mǐ gāng shuō wán xiàn duàn xià miàn jiù
4。萌小贝说：“4厘米！”刚说完，线段下面就

chū xiàn le lí mǐ sān gè zì
出现了“4厘米”三个字。

kù xiǎo bǎo kàn kan tí kǎ shang de tí huà yì tiáo lí mǐ
酷小宝看看题卡上的题：画一条5厘米

cháng de xiàn duàn tí kǎ shang chū xiàn le yì zhī qiān bǐ hé yì bǎ chǐ
长的线段。题卡上出现了一支铅笔和一把尺

zi kù xiǎo bǎo ná qǐ qiān bǐ xiān zài tí kǎ shang diǎn yí gè xiǎo
子。酷小宝拿起铅笔，先在题卡上点一个小

yuán diǎn rán hòu bǎ chǐ zi de kè dù duì qí xiǎo yuán diǎn cóng
圆点，然后，把尺子的0刻度对齐小圆点，从

xiǎo yuán diǎn kāi shǐ yán zhe chǐ zi huà dào shù zì bǎ chǐ zi ná
小圆点开始，沿着尺子画到数字5，把尺子拿
diào zài yòu bian diǎn shàng xiǎo yuán diǎn zài xiàn duàn xià miàn xiě
掉，在右边点上小圆点，在线段下面写
shàng lí mǐ sān gè zì
上“5厘米”三个字。

hǎo le kù xiǎo bǎo hé méng xiǎo bèi gāng gāng wán chéng tí
“好了！”酷小宝和萌小贝刚刚完成题
kǎ shang de tí mù tí kǎ jiù cóng tā men shǒu li fēi jìn lǎo hǔ kǒu
卡上的题目，题卡就从他们手里飞进老虎口
zhōng shǒu li de qiān bǐ hé chǐ zi yě xiāo shī le
中，手里的铅笔和尺子也消失了。

liǎng zhī lǎo hǔ fēn bié pǎo dào kù xiǎo bǎo hé méng xiǎo bèi
两只老虎分别跑到酷小宝和萌小贝
gēn qián shuō zhǔ rén qǐng fēn fù rán hòu jiù pā zài
跟前，说：“主人，请吩咐！”然后，就趴在
le dì shàng
了地上。

kù xiǎo bǎo hé méng xiǎo bèi kāi xīn jí le méng xiǎo bèi qí shàng
酷小宝和萌小贝开心极了。萌小贝骑上
lǎo hǔ shuō wǒ shì lǎo hǔ qí shì
老虎说：“我是老虎骑士！”

kù xiǎo bǎo hā hā dà xiào méng xiǎo bèi nǐ bú shì yì zhí
酷小宝哈哈大笑：“萌小贝，你不是一直
shuō zì jǐ shì gōng zhǔ ma zěn me chéng qí shì le
说自己是公主吗？怎么成骑士了？”

méng xiǎo bèi dū qǐ zuǐ shuō wǒ jiù shì qí shì dà lǎo
萌小贝嘟起嘴，说：“我就是骑士！大老

虎，我们走！看他能不能追上我们！”

老虎带着萌小贝，飞快地跑起来。萌小贝大声喊道：“好棒啊！我是不是很威风啊？谢谢你！小仙乐！”

酷小宝骑上老虎，神气地说：“我是老虎侠！大老虎，我们去追！”

老虎带酷小宝飞快地跑了一段路，又突然跑了回来，原来是酷小宝想起忘了感谢小仙女，他也对着小仙女大声说：“小仙女，谢谢你！”

小仙女微笑地看着酷小宝，身体发出粉嫩而柔和的亮光，她又长高了2厘米，当然，也更漂亮了！

méng xiǎo bèi de è zuò jù

萌小贝的恶作剧

kù xiǎo bǎo hé méng xiǎo bèi qí zhe diàn zǐ hǔ xiàng fēng yí yàng
酷小宝和萌小贝骑着电子虎，像风一样

de bēn pǎo zhuī zhú
地奔跑、追逐。

zhōng yú wán gòu le kù xiǎo bǎo hé méng xiǎo bèi cóng lǎo hǔ
终于玩够了，酷小宝和萌小贝从老虎

shēn shang xià lái wèn xiǎo xiān yuè hái yǒu shén me hǎo wán de dì
身上下来，问："小仙乐，还有什么好玩的地

fang ma
方吗？"

xiǎo xiān nǚ tiáo pí de xiào xiao shuō wǒ dài nǐ men qù yí gè
小仙女调皮地笑笑说："我带你们去一个

yóu xì wū ba
游戏屋吧！"

xiǎo xiān nǚ huī hui mó fǎ bàng hé jīn yào shi sān gè rén jiù
小仙女挥挥魔法棒和金钥匙，三个人就

jiàng luò dào le yí gè yóu xì wū qián shàng miàn xiě zhe dān wèi yóu
降落到了一个游戏屋前。上面写着："单位游

xì yì xiǎng bu dào de jīng xǐ děng zhe nǐ
戏：意想不到的惊喜等着你！"

kù xiǎo bǎo hé méng xiǎo bèi pò bù jí dài de zǒu jin qu nǎ
酷小宝和萌小贝迫不及待地走进去，哪

lǐ shì yóu xì wū a fēn míng jiù shì yí gè hěn liáo kuò de shì jiè
里是游戏屋啊？分明就是一个很辽阔的世界：

lán lán de tiān kōng qīng qīng de cǎo dì hái yǒu hěn duō wéi miào wéi xiào
蓝蓝的天空，青青的草地，还有很多惟妙惟肖

de wù tǐ mó xíng
的物体模型。

xiǎo xiān nǚ yì huī mó fǎ bàng cóng tiān kōng jiàng xià hěn duō xiě
小仙女一挥魔法棒，从天空降下很多写

yǒu wén zì de cǎi qiú xiǎo xiān nǚ ràng kù xiǎo bǎo hé méng xiǎo bèi bǎ
有文字的彩球。小仙女让酷小宝和萌小贝把

cǎi qiú zhì xiàng zì jǐ xǐ huan de mó xíng
彩球掷向自己喜欢的模型。

méng xiǎo bèi yí huò de ná qǐ yí gè xiě zhe mǐ de lán sè
萌小贝疑惑地拿起一个写着“米”的蓝色

qiú yòng lì de pāo xiàng wō niú mó xíng
球，用力地抛向蜗牛模型。

sōu wō niú shùn jiān biàn dà yǐ shǎn diàn yí yàng de sù
“嗖”，蜗牛瞬间变大，以闪电一样的速

dù dào le méng xiǎo bèi miàn qián shuō zhǔ rén
度到了萌小贝面前，说：“主人！”

wā méng xiǎo bèi jīng xǐ de zhāng dà le zuǐ ba shuō
“哇！”萌小贝惊喜得张大了嘴巴，说，

zhè wō niú zěn me zhè me dà sù dù zěn me zhè me kuài ya
“这蜗牛怎么这么大？速度怎么这么快呀？”

xiǎo xiān nǚ xiào le shuō tā shēn shang xiě zhe shēn cháng
小仙女笑了，说：“它身上写着‘身长

nǐ tóu gěi tā de shì mǐ tā dāng rán biàn dà le
3(　)’，你投给它的是‘米’，它当然变大了。

身体变大了，速度也跟着变快。”

萌小贝惊讶地说：“3米？哈哈，应该是3厘米才对！我爸爸才一米八呢。”

太好玩了！然后，萌小贝把写着“米”的紫色球抛给了一位写着“身高165（ ）”的白雪公主，白雪公主长啊长，很快头就到了云彩上面。白雪公主惊慌地叫：“哎呀，我怎么比天都高了？”

萌小贝赶紧把一个写着“厘米”的绿色球投向白雪公主，白雪公主马上就恢复了一个正常人的身高。

酷小宝当然也不闲着，他捡了一个写着“米”的蓝色球，投给了一辆写着“长380（ ）”的蓝色轿车。轿车呼呼地长啊长，越长越长。酷

xiǎo bǎo kàn zhe xiàng huǒ chē yí yàng cháng de xiǎo jiào chē hā hā dà xiào
小宝看着像火车一样长的小轿车哈哈大笑。

méng xiǎo bèi yòu ná qǐ yí gè xiě zhe mǐ de zǐ sè qiú
萌小贝又拿起一个写着“米”的紫色球，
zhì xiàng yì zhāng piào liang de xiǎo chuáng zài zǐ sè qiú pèng dào chuáng
掷向一张漂亮的小床。在紫色球碰到床
de chà nà chuáng zhǎng gāo dào yún cǎi shàng miàn qù le ér qiě
的刹那，床长高到云彩上面去了，而且，
chuáng shang chū xiàn le yí gè diào shéng tī zi yí wèi wáng zǐ zhèng
床上出现了一个吊绳梯子，一位王子正
pān zhe tī zi wǎng shàng pá ne chuáng shang xiě zhe shén me ne shì
攀着梯子往上爬呢！床上写着什么呢？是
chuáng gāo hā hā méng xiǎo bèi xiào zhe shuō chuáng yīng
床高70（　）。哈哈，萌小贝笑着说：“床应
gāi gāo lí mǐ ba zhè chuáng bǐ èr shí céng lóu hái gāo ne
该高70厘米吧！这床比二十层楼还高呢！”

kù xiǎo bǎo jiǎn qǐ yí gè xiě zhe lí mǐ de lǜ sè qiú
酷小宝捡起一个写着“厘米”的绿色球，
tóu xiàng yì kē dà shù dà shù shang xiě zhe gāo nà
投向一棵大树，大树上写着“高12（　）”。那
kē gāo dà de shù lì jí jiù biàn chéng bǐ xiǎo xiān nǚ hái ǎi de xiǎo
棵高大的树，立即就变成比小仙女还矮的小
shù miáo le
树苗了。

méng xiǎo bèi jiàn kù xiǎo bǎo bǎ dà shù biàn chéng le xiǎo shù
萌小贝见酷小宝把大树变成了小树
miáo yǒu le yí gè huài zhǔ yi tā pǎo dào kù xiǎo bǎo shēn biān
苗，有了一个坏主意。她跑到酷小宝身边，

shuō yā kù xiǎo bǎo nǐ bèi shang shì shén me zāng dōng xi ya
说：“呀！酷小宝，你背上是什么脏东西呀？

wǒ gěi nǐ cā diào
我给你擦掉！”

kù xiǎo bǎo bù zhī dào méng xiǎo bèi de wāi zhǔ yi bù zhī dào
酷小宝不知道萌小贝的歪主意，不知道

méng xiǎo bèi yòng shuǐ jīng bǐ zài tā bèi shang xiě le jǐ gè zì gāo
萌小贝用水晶笔在他背上写了几个字：高

1(　　)。

kù xiǎo bǎo zhèng zhǔn bèi bǎ yí gè xiě zhe mǐ de huáng sè
酷小宝正准备把一个写着“米”的黄色

qiú tóu xiàng yì gēn xiāng jiāo méng xiǎo bèi tū rán hǎn kù xiǎo bǎo
球投向一根香蕉。萌小贝突然喊：“酷小宝，

kàn zhāo
看招！”

xiě zhe lí mǐ de fěn sè qiú dǎ zhòng le kù xiǎo bǎo kù
写着“厘米”的粉色球打中了酷小宝，酷

xiǎo bǎo yí xià zi jiù xiàng lòu qì de qì qiú biàn de xiàng xiǎo mì fēng
小宝一下子就像漏气的气球，变得像小蜜蜂

yí yàng ér qiě tā hái zhǎng chū le yí duì chì bǎng
一样，而且，他还长出了一对翅膀。

méng xiǎo bèi nǐ nǐ tài bú xiàng huà le kù xiǎo bǎo nù
“萌小贝！你！你太不像话了！”酷小宝怒

huǒ chōng tiān de hǎn dào
火冲天地喊道。

xiǎo xiān nǚ yě jīng jiào dào méng xiǎo bèi nǐ chuǎng
小仙女也惊叫道：“萌小贝，你闯

huò le
祸了！”

méng xiǎo bèi xiào xī xī de shuō zài tóu gěi kù xiǎo bǎo yí
萌小贝笑嘻嘻地说：“再投给酷小宝一
gè xiě zhe mǐ de cǎi qiú bú jiù xíng le ma shuō zhe tā bǎ
个写着‘米’的彩球不就行了吗？”说着，她把
yí gè xiě zhe mǐ de chéng sè qiú pāo xiàng kù xiǎo bǎo
一个写着“米”的橙色球抛向酷小宝。

kù xiǎo bǎo biàn dà le huí dào le yuán lái de mú yàng dàn
酷小宝变大了，回到了原来的模样，但
shì shēn gāo zhǐ yǒu yì mǐ běn lái bǐ méng xiǎo bèi gāo xiàn zài bǐ
是，身高只有一米，本来比萌小贝高，现在比
méng xiǎo bèi ǎi le yì tóu xiàng gè sān suì de xiǎo háir
萌小贝矮了一头，像个三岁的小孩儿。

méng xiǎo bèi kàn kan kù xiǎo bǎo cái zhī dào zì jǐ zhēn de
萌小贝看看酷小宝，才知道自己真的
chuǎng huò le kù xiǎo bǎo fā nù de zuàn zhe quán tou dèng zhe
闯祸了。酷小宝发怒地攥着拳头，瞪着
méng xiǎo bèi méng xiǎo bèi lián máng dào qiàn shuō kù xiǎo bǎo
萌小贝。萌小贝连忙道歉，说：“酷小宝，
nǐ bié jí wǒ men yí dìng yǒu bàn fǎ ràng nǐ biàn huí yuán lái
你别急，我们一定有办法，让你变回原来
de yàng zi
的样子。”

xiǎo xiān nǚ yě shuō bié jí kù xiǎo bǎo zài jí yě jiě jué
小仙女也说：“别急，酷小宝，再急也解决
bu liǎo wèn tí wǒ men yì qǐ xiǎng xiang bàn fǎ
不了问题。我们一起想想办法。”

kù xiǎo bǎo rěn zhe yǎn lèi shuō wǒ nǎo zi li xiàn zài shén
酷小宝忍着眼泪，说：“我脑子里现在什
me bàn fǎ yě xiǎng bu dào
么办法也想不到。”

méng xiǎo bèi pǎo dào kù xiǎo bǎo gēn qián shuō hǎo gē ge
萌小贝跑到酷小宝跟前，说：“好哥哥，
wǒ yǒu bàn fǎ ya tā ràng xiǎo xiān nǚ biàn chū yí kuài xiàng pí
我有办法呀！”她让小仙女变出一块橡皮，
bǎ kù xiǎo bǎo bèi shang de zì cā diào chóng xīn xiě shàng shēn gāo
把酷小宝背上的字擦掉，重新写上“身高
120(　　)”。

xiǎo xiān nǚ jīng xǐ de shuō méng xiǎo bèi zhēn bàng wǒ dōu
小仙女惊喜地说：“萌小贝真棒！我都
méi xiǎng dào zhè ge bàn fǎ
没想到这个办法。”

méng xiǎo bèi bǎ xiě zhe lí mǐ de lán sè qiú pāo guo qu
萌小贝把写着“厘米”的蓝色球抛过去，
kù xiǎo bǎo mǎ shàng jiù zhǎng gāo le huí dào le yuán lái de mú yàng
酷小宝马上就长高了，回到了原来的模样。

kù xiǎo bǎo zhāng yá wǔ zhǎo de cháo méng xiǎo bèi pū lái shuō
酷小宝张牙舞爪地朝萌小贝扑来，说：
méng xiǎo bèi xiàn zài wǒ bǐ nǐ gāo le kàn wǒ zòu nǐ yí dùn
“萌小贝！现在我比你高了，看我揍你一顿！”

méng xiǎo bèi tián tián de xiào zhe shuō āi yā yā wǒ hǎo
萌小贝甜甜地笑着说：“哎呀呀，我好
pà o
怕哦！”

kù xiǎo bǎo pǎo dào méng xiǎo bèi miàn qián，tū rán tíng xia lai，
酷小宝跑到萌小贝面前，突然停下来，

shuō：“hǎo ba，yuán liàng nǐ！”
说：“好吧，原谅你！”

盛大的化装舞会(1)

小仙女看酷小宝原谅了萌小贝，说："酷小宝真酷！男子汉大丈夫，胸怀就是像天空一样宽广。"

酷小宝听了小仙女的话，开心地笑了，说："小仙乐，谢谢你哦！"

萌小贝也连忙向小仙女道谢："小仙乐，谢谢你！还有什么好玩的地方呢？快带我们去吧！"

小仙女又长高了2厘米，说："好哇！带你们去参加化装舞会吧！咱们现在就去！"

小仙女说完，挥一下魔法棒和金钥匙，三

gè rén lì kè dào le yí zuò jīn bì huī huáng de gōng diàn
个人立刻到了一座金碧辉煌的宫殿。

méng xiǎo bèi wèn wǒ men shì bu shì děi xiān huà zhuāng rán hòu zài jìn qù ne
萌小贝问：“我们是不是得先化装，然后再进去呢？”

xiǎo xiān nǚ diǎn dian tóu shuō duì ya zán men jiù dào zhè lǐ miàn qù biàn zhuāng
小仙女点点头，说：“对呀！咱们就到这里面去变装。”

kù xiǎo bǎo bù jiě de wèn biàn zhuāng bú shì huà zhuāng ma rú guǒ xiàng sūn wù kōng yí yàng néng qī shí èr biàn jiù hǎo le
酷小宝不解地问：“变装？不是化装吗？如果像孙悟空一样，能七十二变就好了。”

xiǎo xiān nǚ hēi hēi xiào le shuō jiù shì biàn bù xū yào nǐ tú zhī mǒ fěn
小仙女嘿嘿笑了，说：“就是变！不需要你涂脂抹粉。”

á zhēn de kù xiǎo bǎo hé méng xiǎo bèi tóng shí jīng yà de zhāng dà le zuǐ ba wǒ men néng biàn
“啊？真的？”酷小宝和萌小贝同时惊讶地张大了嘴巴，“我们能变？”

xiǎo xiān nǚ wēi xiào zhe diǎn tóu shuō jìn qù ba
小仙女微笑着点头，说：“进去吧！”

sān gè rén jìn rù gōng diàn lǐ miàn shì tiáo yì yǎn kàn bu dào tóu de cháng láng cháng láng liǎng biān shì yí shàn shàn shuǐ jīng mén
三个人进入宫殿，里面是条一眼看不到头的长廊，长廊两边是一扇扇水晶门。

看到第一扇水晶门上写着“《葫芦兄弟》变装室”，酷小宝问：“小仙乐，这是什么意思？”

小仙女答：“门上写着什么字，就是你进去之后可以变成什么。进入这扇水晶门，你可以变成葫芦七兄弟中的一个，也可以变成葫芦爷爷或穿山甲，或者变成蛇精，想变成动画片《葫芦兄弟》中的任何人物都可以。”

酷小宝连连摇头，说：“哦！我可不想变蛇精！”

萌小贝无比向往地问：“有没有可

yǐ biàn chéng gōng zhǔ de shuǐ jīng mén
以变成公主的水晶门？”

xiǎo xiān nǚ xiào zhe shuō yǒu yǒu yǒu xiǎng shén me yǒu
小仙女笑着说：“有有有—— 想什么有
shén me xiǎng biàn chéng shuí dōu kě yǐ xiǎng biàn chéng shén me dōu xíng
什么！想变成谁都可以，想变成什么都行！
jiù suàn nǐ xiǎng biàn chéng yì zhī huā píng huò yì kē tǔ dòu yě shì kě
就算你想变成一只花瓶或一颗土豆，也是可
yǐ de
以的。”

kù xiǎo bǎo hé méng xiǎo bèi lì jí fǎn duì bù wǒ men kě
酷小宝和萌小贝立即反对：“不！我们可
bù xiǎng biàn chéng bù néng xíng dòng de wù pǐn
不想变成不能行动的物品！”

tā men biān shuō biān wǎng qián zǒu méng xiǎo bèi kàn dào qí zhōng
他们边说边往前走，萌小贝看到其中
yí shàn shuǐ jīng mén shang de zì jīng xǐ de jiào qi lai mèng xiǎng
一扇水晶门上的字，惊喜地叫起来：“梦想
gōng zhǔ tǐ yàn guǎn shì bu shì jìn qù jiù kě yǐ zuò gōng zhǔ ne
公主体验馆！是不是进去就可以做公主呢？”
xiǎo xiān nǚ diǎn dian tóu shuō shì ya zhēn zhèng de gōng zhǔ
小仙女点点头，说：“是呀，真正的公主！”

kù xiǎo bǎo qīng miè de kàn le méng xiǎo bèi yì yǎn shuō tiān
酷小宝轻蔑地看了萌小贝一眼，说：“天
tiān zuò gōng zhǔ mèng zuò gōng zhǔ yǒu shén me yì si
天做公主梦，做公主有什么意思？”

méng xiǎo bèi shuō wǒ bù guǎn wǒ jiù shì yào zuò gōng zhǔ
萌小贝说：“我不管，我就是要做公主！”

kù xiǎo bǎo shuō　nǐ jìn qù zuò nǐ de gōng zhǔ ba　wǒ yào
酷小宝说："你进去做你的公主吧，我要
qù zuò qí tiān dà shèng sūn wù kōng　xī xī　nà yàng　wǒ jiù huì qī
去做齐天大圣孙悟空！嘻嘻，那样，我就会七
shí èr biàn le　xiǎng biàn chéng shén me　jiù biàn chéng shén me
十二变了，想变成什么，就变成什么！"

xiǎo xiān nǚ xiào le　shuō　kù xiǎo bǎo　zán men xiān péi méng xiǎo
小仙女笑了，说："酷小宝，咱们先陪萌小
bèi biàn zhuāng　rán hòu zài qù　xī yóu jì　biàn zhuāng guǎn　hǎo
贝变装，然后再去'《西游记》变装馆'，好
bu hǎo
不好？"

kù xiǎo bǎo tīng le xiǎo xiān nǚ de huà　jīng xǐ de wèn　zhēn de
酷小宝听了小仙女的话，惊喜地问："真的
yǒu　xī yóu jì　biàn zhuāng guǎn
有'《西游记》变装馆'？"

xiǎo xiān nǚ diǎn dian tóu　shuō　shì ya　dào nà lǐ　xī
小仙女点点头，说："是呀！到那里，《西
yóu jì　lǐ miàn de suǒ yǒu rén wù　nǐ xiǎng biàn chéng shuí　jiù biàn
游记》里面的所有人物，你想变成谁，就变
chéng shuí
成谁！"

kù xiǎo bǎo kāi xīn de tiào qi lai　dà shēng hǎn　yē　yē
酷小宝开心地跳起来，大声喊："耶！耶！
wǒ dāng rán xuǎn zé huì qī shí èr biàn de qí tiān dà shèng sūn wù
我当然选择会七十二变的齐天大圣孙悟
kōng
空！"

萌小贝着急地说："别废话了！我要立即进去！"

小仙女飞到"梦想公主体验馆"的水晶门前，用魔法棒和金钥匙在水晶门上一点，水晶门上就出现了一道数学题：

数数看，一共有几个三角形？

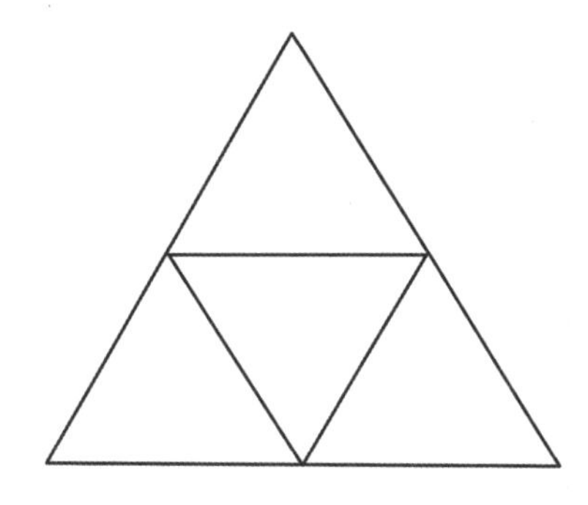

小仙女提醒萌小贝："先动脑思考，再回答。"

萌小贝点点头，在脑子里想象一幅图案。

méng xiǎo bèi kěn dìng de huí dá yí gòng yǒu gè sān jiǎo xíng
萌小贝肯定地回答："一共有5个三角形。

bāo kuò gè xiǎo sān jiǎo xíng gè xiǎo sān jiǎo xíng hé qi lai yòu shì yí
包括4个小三角形，4个小三角形合起来又是一

gè dà sān jiǎo xíng suǒ yǐ yí gòng yǒu gè sān jiǎo xíng méng xiǎo bèi
个大三角形，所以一共有5个三角形。"萌小贝

de dá àn gāng yì shuō chū kǒu shuǐ jīng mén shang jiù chū xiàn le hé méng
的答案刚一说出口，水晶门上就出现了和萌

xiǎo bèi nǎo zi li yí yàng de tú àn rán hòu huǎn huǎn dǎ kāi le
小贝脑子里一样的图案，然后缓缓打开了。

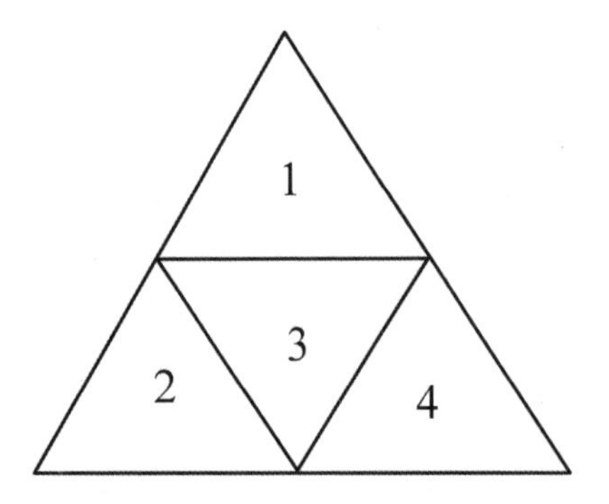

xiǎo xiān nǚ kuā jiǎng dào zhēn bú kuì shì ài dòng nǎo jīn de
小仙女夸奖道："真不愧是爱动脑筋的

méng xiǎo bèi zhè shàn shuǐ jīng mén bǐ nǐ men yòng de zhì néng shǒu jī
萌小贝！这扇水晶门比你们用的智能手机

gèng zhì néng tā néng dú dǒng nǐ de xiǎng fǎ
更智能，它能读懂你的想法。"

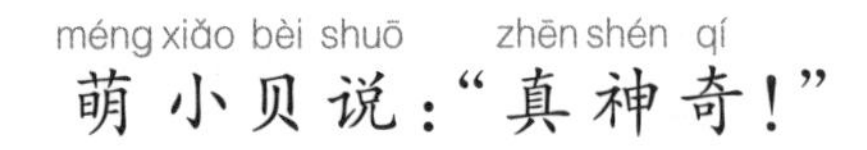

méng xiǎo bèi shuō zhēn shén qí
萌小贝说："真神奇！"

kù xiǎo bǎo jī dòng de cuī méng xiǎo bèi méng xiǎo bèi gǎn jǐn
酷小宝激动地催萌小贝："萌小贝，赶紧

jìn qù ba
进去吧！”

xiǎo xiān nǚ yě cuī cù dào shì ya kuài diǎnr jìn qù ba
小仙女也催促道：“是呀，快点儿进去吧，

kù xiǎo bǎo dōu xīn jí le
酷小宝都心急了。”

méng xiǎo bèi xīng fèn de dà jiào zhe ò wǒ yào zuò
萌小贝兴奋地大叫着：“哦—— 我要做

gōng zhǔ le wǒ yào zuò bái xuě gōng zhǔ
公主了！我要做白雪公主！”

shèng dà de huà zhuāng wǔ huì
盛大的化装舞会(2)

kù xiǎo bǎo hé xiǎo xiān nǚ gēn suí méng xiǎo bèi zǒu jìn mèng xiǎng gōng zhǔ tǐ yàn guǎn

酷小宝和小仙女跟随萌小贝走进“梦想公主体验馆”。

tīng méng xiǎo bèi jiān jiào shēng bú duàn kù xiǎo bǎo hé xiǎo xiān nǚ rěn bu zhù wǔ zhù le ěr duo

听萌小贝尖叫声不断，酷小宝和小仙女忍不住捂住了耳朵。

mèng xiǎng gōng zhǔ tǐ yàn guǎn li tóng yàng shì yí shàn shàn shuǐ jīng mén měi shàn shuǐ jīng mén shang dōu yǒu yí gè gōng zhǔ huà xiàng

“梦想公主体验馆”里，同样是一扇扇水晶门，每扇水晶门上都有一个公主画像。

wā bái xuě gōng zhǔ zài zhè lǐ méng xiǎo bèi tū rán yòu yì shēng jiān jiào

“哇——白雪公主在这里！”萌小贝突然又一声尖叫。

xiǎo xiān nǚ xiào le xiào shuō nǐ zhǐ yào chù dòng yí xià shuǐ jīng mén jiù kě yǐ le

小仙女笑了笑说：“你只要触动一下水晶门就可以了。”

méng xiǎo bèi lì jí yòng shǒu chù le yí xià shuǐ jīng mén shuǐ jīng
萌小贝立即用手触了一下水晶门，水晶

mén shang chū xiàn le yí dào shù xué tí
门上出现了一道数学题：

shǔ shu kàn yí gòng yǒu jǐ tiáo xiàn duàn
数数看，一共有几条线段？

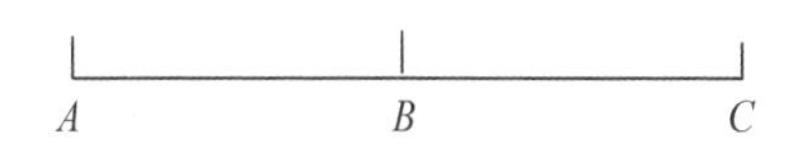

méng xiǎo bèi kàn kan tí xiǎng zhè dào tí hǎo xiàng gēn qián miàn
萌小贝看看题，想：这道题好像跟前面

de shǔ sān jiǎo xíng chà bu duō shǔ sān jiǎo xíng shí xū yào bǎ xiǎo sān jiǎo
的数三角形差不多，数三角形时需要把小三角

xíng zǔ chéng de dà sān jiǎo xíng jiā shàng tóng yàng zhè yí gòng shì liǎng
形组成的大三角形加上，同样，这一共是两

tiáo xiǎo xiàn duàn liǎng tiáo xiǎo xiàn duàn hé qi lai yòu shì yì tiáo dà xiàn
条小线段，两条小线段合起来又是一条大线

duàn
段。

méng xiǎo bèi tái tóu kàn dào shuǐ jīng mén shang chū xiàn de tú
萌小贝抬头，看到水晶门上出现的图

àn zhèng shì zì jǐ nǎo zi li xiǎng de tú àn
案，正是自己脑子里想的图案：

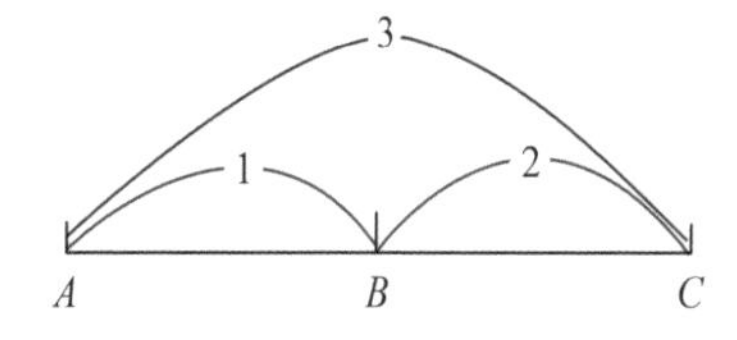

méng xiǎo bèi dá dào yí gòng yǒu tiáo xiàn duàn
萌小贝答道："一共有3条线段！"

méng xiǎo bèi de dá àn gāng shuō chū kǒu shuǐ jīng mén shang shǎn guò yí dào cǎi guāng zài kàn kan méng xiǎo bèi yǐ jīng wán quán biàn chéng le bái xuě gōng zhǔ de mú yàng
萌小贝的答案刚说出口，水晶门上闪过一道彩光。再看看萌小贝，已经完全变成了白雪公主的模样。

méng xiǎo bèi tí qǐ qún jiǎo jī dòng de wèn wǒ zhēn de biàn chéng le bái xuě gōng zhǔ
萌小贝提起裙角，激动地问："我真的变成了白雪公主？"

shì ya tā kàn dào le gāng gāng de shuǐ jīng mén yǐ jīng biàn chéng le yí miàn jìng zi jìng zi li shì tí qǐ qún jiǎo de bái xuě gōng zhǔ hé yì liǎn jīng yà de kù xiǎo bǎo hái yǒu fēi cháng měi lì kě ài de xiǎo xiān nǚ
是呀！她看到了，刚刚的水晶门已经变成了一面镜子，镜子里是提起裙角的白雪公主和一脸惊讶的酷小宝，还有非常美丽可爱的小仙女。

méng xiǎo bèi tí zhe qún jiǎo zhuàn gè quānr duì zhe zuǐ ba zhāng chéng xíng de kù xiǎo bǎo hǎn zǒu ba qí
萌小贝提着裙角转个圈儿，对着嘴巴张成"O"形的酷小宝喊："走吧！齐

tiān dà shèng sūn wù kōng zán men qù xī yóu jì biàn zhuāng guǎn
天大圣孙悟空，咱们去‘《西游记》变装馆’！”

kù xiǎo bǎo tīng dào xī yóu jì biàn zhuāng guǎn jǐ gè zì lì jí fǎn yìng guo lai shuō ò gǎn jǐn zǒu shuō zhe jiù wǎng wài pǎo
酷小宝听到“《西游记》变装馆”几个字，立即反应过来，说：“哦！赶紧走！”说着就往外跑。

méng xiǎo bèi huá lì de xuán zhuǎn le yì quānr duì xiǎo xiān nǚ jū le gè gōng shuō fēi cháng gǎn xiè wǒ qīn ài de xiǎo xiān yuè
萌小贝华丽地旋转了一圈儿，对小仙女鞠了个躬，说：“非常感谢！我亲爱的小仙乐。”

xiǎo xiān nǚ shēn shang fā chū róu hé de guāng yòu zhǎng gāo le lí mǐ tā jí máng fēi qù zhuī kù xiǎo bǎo
小仙女身上发出柔和的光，又长高了1厘米，她急忙飞去追酷小宝。

kù xiǎo bǎo hěn kuài jiù zhǎo dào le xī yóu jì biàn zhuāng guǎn xiǎo xiān nǚ yòng mó fǎ bàng hé jīn yào shi cháo shuǐ jīng mén yì huī shuǐ jīng mén shang chū xiàn le xià miàn de shù xué tí
酷小宝很快就找到了“《西游记》变装馆”，小仙女用魔法棒和金钥匙朝水晶门一挥，水晶门上出现了下面的数学题：

zǐ xì shǔ shu kàn xià tú zhōng yí gòng yǒu jǐ tiáo xiàn duàn
仔细数数看，下图中一共有几条线段：

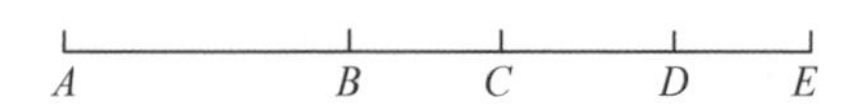

萌小贝说："这题跟我刚刚做的差不多，但是复杂了点儿。"

酷小宝看后，对自己说："别急，慢慢想，仔细想！"

他盯着水晶门上的图，认真思考，水晶门果然比智能手机更高级，酷小宝脑子里想什么，门上就出现什么：

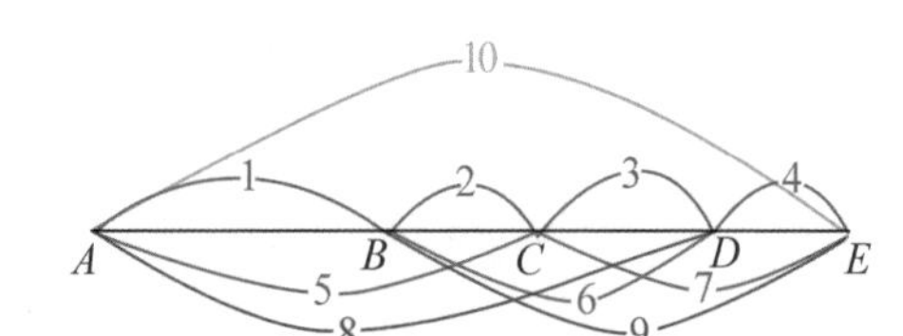

酷小宝说："可以先数一共有几条独立的小线段，这里共有AB、BC、CD、DE 4条独立的小线段，那么只要从4加到1就可以了。因为，由

liǎng tiáo dú lì de xiǎo xiàn duàn zǔ chéng de xiàn duàn yǒu tiáo yóu tiáo
两条独立的小线段组成的线段有3条，由3条
dú lì de xiǎo xiàn duàn zǔ chéng de xiàn duàn yǒu tiáo yóu tiáo xiǎo xiàn
独立的小线段组成的线段有2条，由4条小线
duàn zǔ chéng de xiàn duàn yǒu tiáo tiáo
段组成的线段有1条，4+3+2+1=10（条）。”

kù xiǎo bǎo gāng shuō wán shuǐ jīng mén jiù huǎn huǎn dǎ kāi le
酷小宝刚说完，水晶门就缓缓打开了。

kù xiǎo bǎo xīng fèn de pǎo jin qu wā wā wā jiān jiào
酷小宝兴奋地跑进去，“哇！哇！哇！”尖叫
gè bù tíng
个不停。

rú lái fó guān yīn pú sà yù huáng dà dì né zhā tuō
如来佛、观音菩萨、玉皇大帝、哪吒、托
tǎ lǐ tiān wáng niú mó wáng hóng hái ér xī yóu jì lǐ
塔李天王、牛魔王、红孩儿……《西游记》里
miàn de měi yí gè rén wù dōu yǒu
面的每一个人物都有。

kù xiǎo bǎo zhōng yú zhǎo dào le huà zhe qí tiān dà shèng sūn wù
酷小宝终于找到了画着齐天大圣孙悟
kōng xíng xiàng de shuǐ jīng mén tā yòng shǒu zhǐ chù mō le yí xià shuǐ
空形象的水晶门，他用手指触摸了一下，水
jīng mén shang chū xiàn le gēn gāng cái yì mú yí yàng de shù xué tí
晶门上出现了跟刚才一模一样的数学题：

shǔ shǔ kàn xià miàn yí gòng yǒu jǐ tiáo xiàn duàn
数数看，下面一共有几条线段：

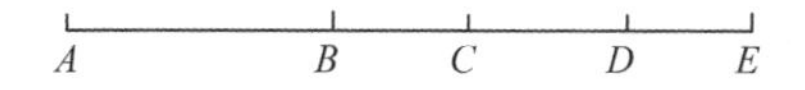

kù xiǎo bǎo bù jiě de wèn zěn me gēn gāng cái de tí yí yàng a
酷小宝不解地问："怎么跟刚才的题一样啊？"

xiǎo xiān nǚ gēn shang lai le shuō shì gēn gāng cái de tí yí yàng dàn jì rán tā yòu chū xiàn yí cì jiù shì xiǎng ràng nǐ shuō chū bù tóng de xiǎng fǎ yě jiù shì bù tóng de sī kǎo guò chéng
小仙女跟上来了，说："是跟刚才的题一样，但既然它又出现一次，就是想让你说出不同的想法，也就是不同的思考过程。"

kù xiǎo bǎo lì jí zhuàn dòng zì jǐ de xiǎo nǎo guār xiǎng le yí huìr zhōng yú yǒu le bù tóng de sī lù měi tiáo xiàn duàn yǒu liǎng gè duān diǎn duān diǎn fēn bié yǔ zǔ chéng tiáo xiàn duàn yīn wèi xiàn duàn yǔ xiàn duàn biǎo shì de shì tóng yì tiáo xiàn duàn suǒ yǐ zài shǔ shí bù néng huí tóu shǔ
酷小宝立即转动自己的小脑瓜儿，想了一会儿，终于有了不同的思路：每条线段有两个端点，端点A分别与B、C、D、E组成4条线段：AB、AC、AD、AE。因为线段AB与线段BA表示的是同一条线段，所以，再数时不能回头数。

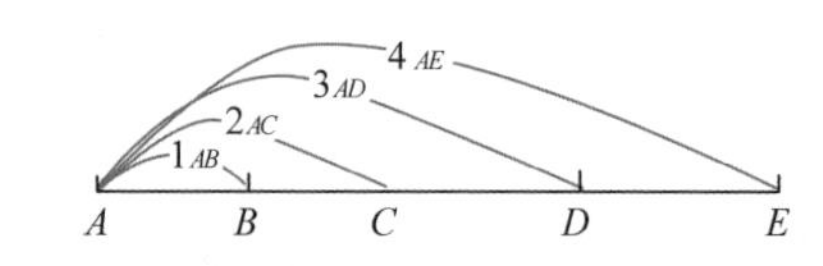

duān diǎn fēn bié yǔ zǔ chéng tiáo xiàn duàn
端点B分别与C、D、E组成3条线段BC、

BD、BE。

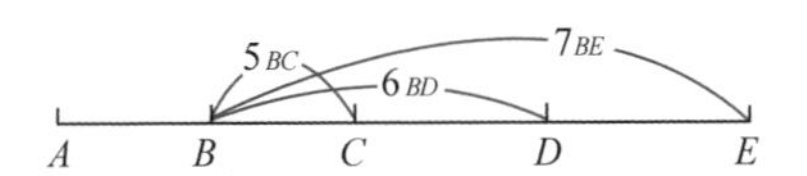

duān diǎn fēn bié yǔ zǔ chéng tiáo xiàn duàn
端点C分别与D、E组成2条线段CD、CE。

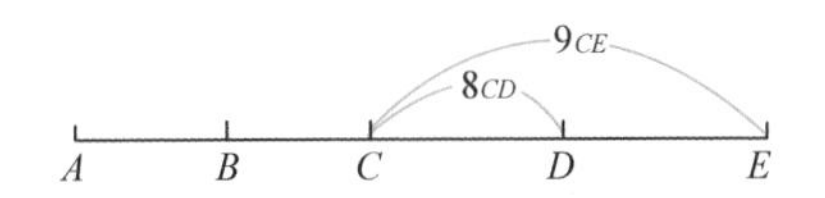

duān diǎn yǔ zǔ chéng tiáo xiàn duàn
端点D与E组成1条线段DE。

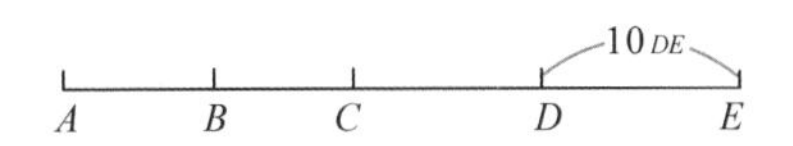

suǒ yǐ yí gòng yǒu tiáo
所以，一共有4＋3＋2＋1＝10（条）。

kù xiǎo bǎo gāng shuō wán yí dào cǎi guāng shǎn guò kù xiǎo bǎo bú jiàn le chū xiàn zài dà jiā miàn qián de shì yù shù lín fēng wēi fēng lǐn lǐn de měi hóu wáng qí tiān dà shèng sūn wù kōng
酷小宝刚说完，一道彩光闪过，酷小宝不见了，出现在大家面前的是玉树临风、威风凛凛的美猴王——齐天大圣孙悟空。

盛大的化装舞会(3)

变成孙悟空的酷小宝，上蹦下跳，一会儿变成一棵树，一会儿变成一只小飞虫，真是高兴得不得了。

最后，酷小宝又变成和萌小贝一模一样的白雪公主，对小仙女鞠了个躬，说："多谢小仙乐！"

小仙女又长高了1厘米，咯咯笑着说："走吧，咱们去参加化装舞会。"

说完，小仙女挥挥魔法棒和金钥匙，到了另一座华丽的宫殿里。

参加舞会的人真多，有公主，有王子，有

hǎi dào yǒu wū pó yǒu duō lā mèng dǎ ban chéng shén me
海盗，有巫婆，有哆啦A梦……打扮成什么
yàng de dōu yǒu xiǎo xiān nǚ qiāo qiāo gào su kù xiǎo bǎo hé méng xiǎo bèi
样的都有。小仙女悄悄告诉酷小宝和萌小贝：
zhè xiē cān jiā wǔ huì de dōu shì hé nǐ men yí yàng de xiǎo xué shēng
“这些参加舞会的，都是和你们一样的小学生
biàn de
变的。”

kù xiǎo bǎo yáo shēn yí biàn biàn chéng le yì kē shù yí bèng
酷小宝摇身一变，变成了一棵树，一蹦
yí tiào wǎng qián zǒu dà jiā dōu dāi zhù le lèng lèng de dīng zhe kù xiǎo
一跳往前走，大家都呆住了，愣愣地盯着酷小
bǎo kàn
宝看。

yīn yuè shēng xiǎng qǐ kù xiǎo bǎo biàn chéng de shù suí yīn yuè
音乐声响起，酷小宝变成的树随音乐
de qǐ fú wǔ dòng zhe biàn huà zhe huā kāi huā luò dì shàng huā bàn
的起伏舞动着，变化着：花开花落，地上花瓣
fēn fēi rú xià le cháng huā bàn yǔ rán hòu shù shang zhǎng chū lǜ sè
纷飞，如下了场花瓣雨；然后树上长出绿色
de xiǎo guǒ zi guǒ zi jiàn jiàn zhǎng dà chéng shú sàn fā chū yòu rén
的小果子，果子渐渐长大、成熟，散发出诱人
de guǒ xiāng zhī hòu yè huáng yè luò piàn piàn huáng yè rú piān piān fēi
的果香；之后叶黄叶落，片片黄叶如翩翩飞
wǔ de hú dié zuì hòu jié bái de xuě huā fēn fēi kù xiǎo bǎo biàn
舞的蝴蝶；最后，洁白的雪花纷飞，酷小宝变
chéng le yí wèi yīng jùn xiāo sǎ de wáng zǐ
成了一位英俊潇洒的王子。

在大家一声声惊喜的尖叫声中，英俊潇洒的王子走向白雪公主，说：“尊贵美丽的公主，我们一起跳个舞吧！”

萌小贝变成的白雪公主，有点儿后悔自己没有选择变成孙悟空。

在大家无比羡慕的目光中，白雪公主萌小贝和王子酷小宝随着音乐跳起舞来。本来他们就一起学习舞蹈，所以，配合非常完美。

优美的舞蹈引起一阵阵热烈的掌声。正在大家看得出神时，酷小宝摇身一变，变成了猪八

jiè rě de dà jiā hā hā dà xiào méng xiǎo bèi yě dà xiào qi lai
戒，惹得大家哈哈大笑，萌小贝也大笑起来。

dà jiā zhèng xiào shí kù xiǎo bǎo yòu yáo shēn yí biàn biàn chéng
大家正笑时，酷小宝又摇身一变，变成

le cháng é xiān zǐ zài wǔ chí shàng fāng fēi le yì quān zhēn shì tài
了嫦娥仙子，在舞池上方飞了一圈，真是太

měi le zuì hòu yì shǎn bú jiàn le
美了。最后，一闪不见了。

méng xiǎo bèi zhèng xún sī kù xiǎo bǎo dào dǐ qù nǎr le shí
萌小贝正寻思酷小宝到底去哪儿了时，

xiǎo xiān nǚ fēi dào tā ěr biān shuō hēi hēi kù xiǎo bǎo lèi le biàn
小仙女飞到她耳边说："嘿嘿，酷小宝累了，变

chéng yì zhī zhī zhū pā zài tiān huā bǎn shang shuì zháo le
成一只蜘蛛，趴在天花板上睡着了。"

zhè ge kù xiǎo bǎo méng xiǎo bèi xiào le
"这个酷小宝！"萌小贝笑了。

zhè shí shí jǐ wèi yīng jùn de wáng zǐ zǒu dào méng xiǎo bèi miàn
这时，十几位英俊的王子走到萌小贝面

qián fēi cháng shēn shì de cháo méng xiǎo bèi jū gōng shuō zuì měi
前，非常绅士地朝萌小贝鞠躬，说："最美

lì de gōng zhǔ néng qǐng nín tiào zhī wǔ ma
丽的公主，能请您跳支舞吗？"

méng xiǎo bèi yě gǎn dào lèi le gāng yào xiè jué tā men de hǎo
萌小贝也感到累了，刚要谢绝他们的好

yì yāo qǐng yí wèi chuān zhe jié bái de gōng zhǔ qún de gōng zhǔ zǒu guo
意邀请，一位穿着洁白的公主裙的公主走过

lai qīng miè de shuō wǔ tiào de hái xíng jiù shì bù zhī dào shù xué
来，轻蔑地说："舞跳得还行，就是不知道数学

xué de zěn me yàng gǎn gēn wǒ bǐ yi bǐ shù xué ma
学得怎么样，敢跟我比一比数学吗？”

méng xiǎo bèi kě bú shì hǎo qī fu de dàn bìng bù xiǎng yǔ rén
萌小贝可不是好欺负的，但并不想与人

fā shēng zhēng zhí biàn shuō gōng zhǔ zhè lǐ shì huà zhuāng wǔ huì
发生争执，便说：“公主，这里是化装舞会，

dà jiā dōu kāi xīn de tiào wǔ zhè yàng ba zán men dào wài miàn qù bǐ
大家都开心地跳舞。这样吧，咱们到外面去比

shù xué hǎo bu hǎo
数学，好不好？”

bái qún gōng zhǔ yì liǎn jiāo ào shuō xiàn zài jiù zǒu
白裙公主一脸骄傲，说：“现在就走！”

méng xiǎo bèi suí bái qún gōng zhǔ lí kāi wǔ huì shí jǐ wèi yīng
萌小贝随白裙公主离开舞会，十几位英

jùn de wáng zǐ hé gōng zhǔ yě gēn zài hòu miàn
俊的王子和公主也跟在后面。

tā men dào le wài miàn lǜ yīn yīn de cǎo dì shang bái qún gōng
他们到了外面绿茵茵的草地上，白裙公

zhǔ shuō jīn tiān zán men bù bǐ jì suàn bǐ zhì lì
主说：“今天，咱们不比计算，比智力。”

méng xiǎo bèi diǎn tóu dā ying tā xiǎng jì rán bái qún gōng zhǔ
萌小贝点头答应，她想：既然白裙公主

xiàng tā tiǎo zhàn shù xué yí dìng yě shì gè shù xué gāo shǒu xī wàng
向她挑战数学，一定也是个数学高手，希望

zì jǐ bié chū chā cuò
自己别出差错。

bái qún gōng zhǔ cóng shǒu tí bāo li qǔ chū yí gè xiǎo dàn gāo
白裙公主从手提包里取出一个小蛋糕，

fàng dào cǎo dì shang yòu qǔ chū yì bǎ xiǎo xiǎo de shuǐ guǒ dāo shuō
放到草地上，又取出一把小小的水果刀，说：

qiē sān xià kàn nǐ zuì duō néng fēn chéng jǐ kuài
“切三下，看你最多能分成几块。”

méng xiǎo bèi jiē guò shuǐ guǒ dāo xiān zài nǎo zi li fēn le fēn
萌小贝接过水果刀，先在脑子里分了分，

hěn kuài jiù yǒu le zhǔ yi
很快就有了主意。

méng xiǎo bèi má lì de qiē le sān xià wèn gōng zhǔ qǐng kàn
萌小贝麻利地切了三下，问：“公主，请看

wǒ fēn de zěn me yàng
我分得怎么样？”

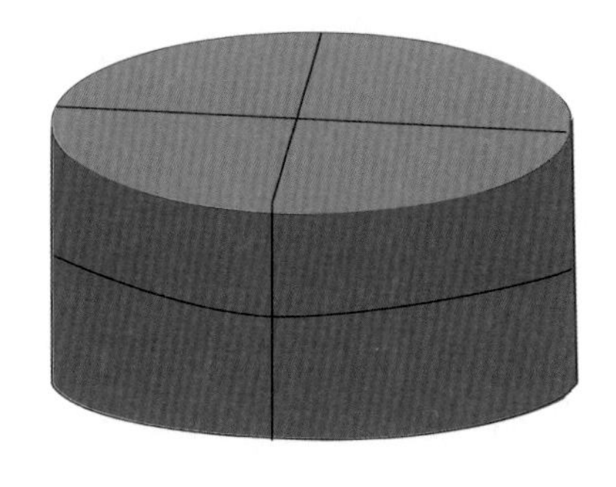

bái qún gōng zhǔ kàn le méng xiǎo bèi fēn de dàn gāo xiān shì lèng
白裙公主看了萌小贝分的蛋糕，先是愣

zhù le jiē zhe liǎn hóng le shuō fēi cháng hǎo nǐ qiē de hěn jūn
住了，接着脸红了，说：“非常好！你切得很均

yún ér qiě bǐ wǒ de dá àn hái yào duō yí kuài
匀，而且，比我的答案还要多一块。”

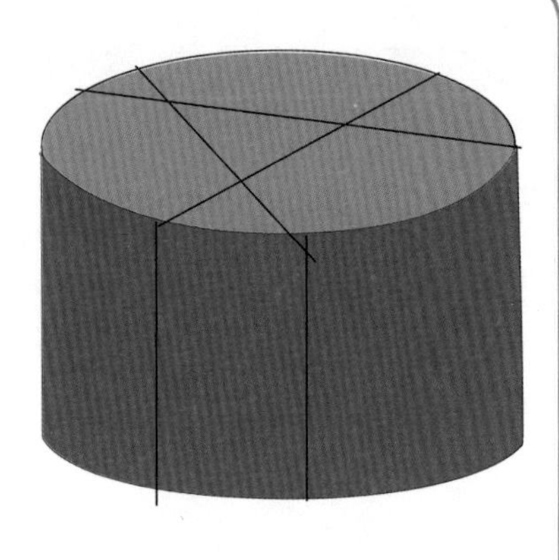

（白裙公主的切法）

萌小贝谦虚地微微笑，说：“我开始也是和你想的一样，后来想到蛋糕是立体的，所以就先横着切了一刀。这还要谢谢你！”

白裙公主不好意思地朝萌小贝伸出手，说：“我们能做朋友吗？”

萌小贝拉住白裙公主的手，说：“当然！很高兴我又多了一个朋友！”

“噼里啪啦！噼里啪啦！”热烈的掌声响起，王子们为她们鼓起了掌。

xiǎo hú tu xiān shì gè dǎo dàn guǐ

小糊涂仙是个捣蛋鬼

wǔ huì yǐ jīng sàn chǎng dà jiā gè bèn dōng xī méng xiǎo bèi yě lèi le xiǎo xiān nǚ dài tā qù bǎi huā gǔ xiū xi bǎi huā gǔ kāi mǎn qīng xiāng yí rén de gè sè xiān huā qí zhōng yǒu xiē huā bàn fēi cháng dà zú gòu ràng méng xiǎo bèi shū shū fú fú de tǎng zài shàng miàn shuì dà jiào

舞会已经散场，大家各奔东西。萌小贝也累了，小仙女带她去百花谷休息。百花谷开满清香宜人的各色鲜花，其中有些花瓣非常大，足够让萌小贝舒舒服服地躺在上面睡大觉。

kù xiǎo bǎo xǐng lái shí fā xiàn zì jǐ pā zài gōng diàn tiān huā bǎn shang yǐ jīng biàn huí yuán lái de mú yàng wǎng xià yí kàn xià le yí tiào zāo gāo bú huì qī shí èr biàn le gāi zěn me huí dào dì miàn

酷小宝醒来时发现自己趴在宫殿天花板上，已经变回原来的模样，往下一看，吓了一跳：糟糕，不会七十二变了，该怎么回到地面？

hēi nǐ zhōng yú xǐng le yí gè shēng yīn cóng kù xiǎo bǎo shēn hòu chuán lái xià le kù xiǎo bǎo yí tiào

“嘿！你终于醒了！”一个声音从酷小宝身后传来，吓了酷小宝一跳。

kù xiǎo bǎo huǎn huǎn de cóng tiān huā bǎn shang jiàng luò xia lai yí
酷小宝缓缓地从天花板上降落下来，一

gè zhǎng zhe chì bǎng de xiǎo nán hái fēi dào kù xiǎo bǎo gēn qián
个长着翅膀的小男孩飞到酷小宝跟前。

kù xiǎo bǎo yí huò de wèn nǐ shì shuí shì nǐ bāng wǒ cóng
酷小宝疑惑地问："你是谁？是你帮我从

shàng miàn xià lái de ma
上面下来的吗？"

xiǎo nán hái diǎn dian tóu tiáo pí de bàn gè guǐ liǎn shuō wǒ
小男孩点点头，调皮地扮个鬼脸，说："我

shì xiǎo hú tu xiān na
是小糊涂仙哪！"

xiǎo hú tu xiān kù xiǎo bǎo yòu jīng yòu xǐ wèn nǐ huì
"小糊涂仙？"酷小宝又惊又喜，问，"你会

mó fǎ ma nǐ zhī dào xiǎo xiān yuè hé méng xiǎo bèi qù nǎr
魔法吗？你知道小仙乐和萌小贝去哪儿

le ma
了吗？"

xiǎo hú tu xiān xiào xī xī de shuō xī xī huì yì diǎnr
小糊涂仙笑嘻嘻地说："嘻嘻，会一点儿

mó fǎ xiǎo xiān yuè péi méng xiǎo bèi qù bǎi huā gǔ shuì dà jiào le wǒ
魔法。小仙乐陪萌小贝去百花谷睡大觉了，我

dài nǐ qù
带你去！"

kù xiǎo bǎo gāo xìng jí le shuō xiè xie nǐ
酷小宝高兴极了，说："谢谢你！"

xiǎo hú tu xiān shuō bú kè qi bú kè qi bié duì wǒ shuō
小糊涂仙说："不客气，不客气！别对我说

kè qi huà wǒ zuì shòu bu liǎo bié rén duì wǒ kè qi le

客气话，我最受不了别人对我客气了！”

kù xiǎo bǎo bù jiě de wèn nǐ gēn xiǎo xiān yuè bù yí yàng

酷小宝不解地问：“你跟小仙乐不一样

ma wǒ hái yǐ wéi nǐ tīng le wǒ de huà huì zhǎng gāo lí mǐ ne

吗？我还以为你听了我的话会长高1厘米呢？”

xiǎo hú tu xiān shuō wǒ kě bù xiǎng zhǎng nà me gāo zhǎng gāo le

小糊涂仙说：“我可不想长那么高，长高了

duō má fan na wǒ xiān dài nǐ qù wán yí gè hǎo wán de yóu xì rán

多麻烦哪！我先带你去玩一个好玩的游戏，然

hòu zài qù zhǎo tā men hǎo bu hǎo

后再去找她们，好不好？”

kù xiǎo bǎo gèng kāi xīn le shuō hǎo wa zán men mǎ shàng

酷小宝更开心了，说：“好哇！咱们马上

jiù qù ba

就去吧！”

zǒu luo xiǎo hú tu xiān fēi zài qián miàn kù xiǎo bǎo gēn zài

“走啰！”小糊涂仙飞在前面，酷小宝跟在

hòu miàn

后面。

zǒu le hěn cháng shí jiān yě bú jiàn yóu xì wū zài nǎr kù

走了很长时间，也不见游戏屋在哪儿，酷

xiǎo bǎo rěn bu zhù wèn xiǎo hú tu xiān zán men zǒu zhè me cháng shí

小宝忍不住问：“小糊涂仙，咱们走这么长时

jiān le zěn me hái bú dào ne

间了，怎么还不到呢？”

xiǎo hú tu xiān xiào xī xī de shuō hǎo wán de yóu xì dāng rán

小糊涂仙笑嘻嘻地说：“好玩的游戏当然

要费点儿劲儿才能玩了。”

酷小宝实在累了，问：“小糊涂仙，你没有魔法棒吗？小仙乐一挥魔法棒和金钥匙，立马就到了想去的地方。”

小糊涂仙说：“我们是男孩子，怎么能玩那种女孩子玩的玩具？”

酷小宝坐到地上说：“可是，我不想走了，我想去找萌小贝和小仙乐。”

小糊涂仙赶紧飞到酷小宝跟前说：“前面马上就到了。而且，游戏屋再往前面走一点儿就是百花谷，你玩完游戏就可以去找她们了。”

听了小糊涂仙的话，酷小宝立即来了精神，站起来，继续往前走。

终于走到了一个很奇怪的小屋前，酷小

bǎo wèn zhè lǐ miàn shì shén me hǎo wán de yóu xì ne
宝问："这里面是什么好玩的游戏呢？"

xiǎo hú tu xiān shén mì de yí xiào shuō jìn qù nǐ jiù zhī
小糊涂仙神秘地一笑，说："进去你就知

dào le bǎo zhèng nǐ huì lián lián jiān jiào de
道了，保证你会连连尖叫的。"

kù xiǎo bǎo xiǎng qǐ tā gēn méng xiǎo bèi zài biàn zhuāng shí jīng xǐ
酷小宝想起他跟萌小贝在变装时惊喜

de jiān jiào mǎn yì de xiào le
地尖叫，满意地笑了。

kù xiǎo bǎo zǒu jìn yóu xì wū lǐ miàn yǒu yí gè yóu xì jī
酷小宝走进游戏屋，里面有一个游戏机，

tā xiǎng huì shì shén me jīng xǐ ne
他想："会是什么惊喜呢？"

xiǎo hú tu xiān shuō chù mō yí xià píng mù
小糊涂仙说："触摸一下屏幕。"

kù xiǎo bǎo zhào zuò le píng mù shang chū xiàn le yí dào
酷小宝照做了，屏幕上出现了一道

suàn shì
算式：

kù xiǎo bǎo suī rán hái méi xué guo liè jiā fǎ shù shì dàn tā fēi
酷小宝虽然还没学过列加法竖式，但他非
cháng cōng míng píng shí mā ma yě gěi tā shuō guo liè shù shì de fāng
常聪明，平时妈妈也给他说过列竖式的方
fǎ suǒ yǐ fēi cháng zì xìn
法，所以非常自信。

xiǎo hú tu xiān tí xǐng kù xiǎo bǎo zhè shì chù mō píng de nǐ
小糊涂仙提醒酷小宝：“这是触摸屏的，你
yòng shǒu zhǐ dāng bǐ jiù kě yǐ le
用手指当笔就可以了。”

kù xiǎo bǎo zì xìn mǎn mǎn de zuò qi lai shuí zhī gāng gāng xiě
酷小宝自信满满地做起来，谁知刚刚写
wán yóu xì jī li tū rán shè chū yì gǔ là là de yān wù shuō
完，游戏机里突然射出一股辣辣的烟雾，说：
cuò le cuò le
“错了，错了！”

là là de yān wù jiù xiàng píng shí mā ma chǎo là jiāo shí yí
辣辣的烟雾，就像平时妈妈炒辣椒时一
yàng qiàng rén qiàng de kù xiǎo bǎo lián lián jiān jiào yǎn lèi dōu tǎng chu
样呛人，呛得酷小宝连连尖叫，眼泪都淌出
lai le
来了。

hā hā tài hǎo wán le xiǎo hú tu xiān xìng zāi lè huò de
“哈哈！太好玩了！”小糊涂仙幸灾乐祸地
dà xiào qi lai
大笑起来。

kù xiǎo bǎo shēng qì de shuō shén me jīng xǐ ya zhè míng míng
酷小宝生气地说：“什么惊喜呀？这明明

jiù shì jīng xià
就是惊吓！”

xiǎo hú tu xiān shuō　nǐ gāng gāng bú shì jiān jiào le ma　wǒ
小糊涂仙说：“你刚刚不是尖叫了吗？我

méi piàn nǐ ya
没骗你呀！”

kù xiǎo bǎo dī tóu kàn kan zì jǐ xiě de suàn shì　zhī dào zì jǐ
酷小宝低头看看自己写的算式，知道自己

cuò zài nǎ lǐ le　tā xiǎng　kě shì　gāng gāng wǒ míng míng xiě le gè
错在哪里了，他想：可是，刚刚我明明写了个

jìn　de
进“1”的。

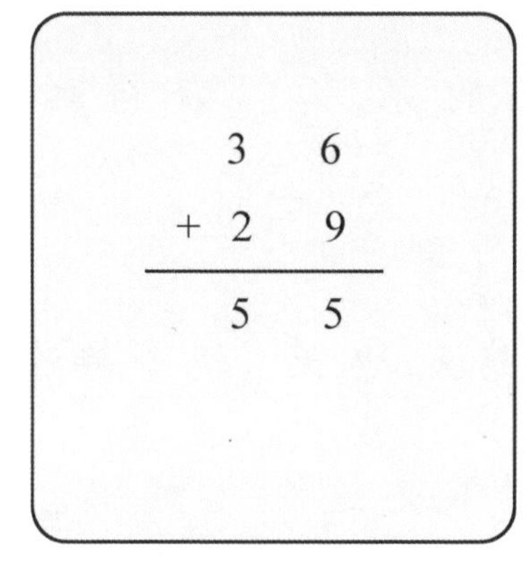

kù xiǎo bǎo zhī dào cuò le jiù huì shòu chéng fá　gù bu de shēng
酷小宝知道错了就会受惩罚，顾不得生

xiǎo hú tu xiān de qì　lián máng bǎ suàn shì gǎi zhèng què
小糊涂仙的气，连忙把算式改正确：

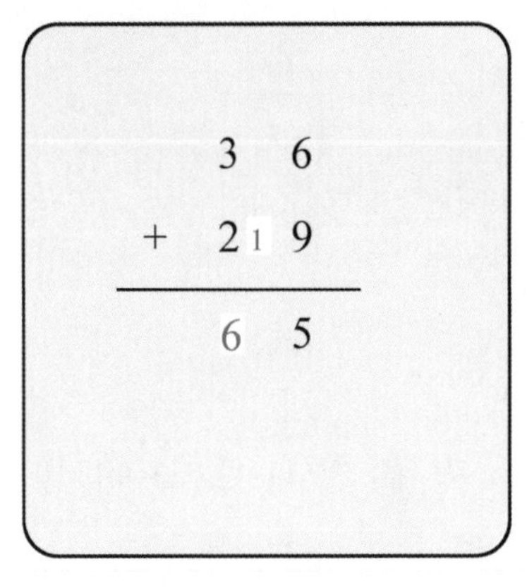

xiū gǎi guo le zhī hòu kù xiǎo bǎo děng zhe jīng xǐ jiàng lín yóu xì jī li què pēn chū yì gǔ quán shuǐ shuō xiū gǎi zhèng què shǎng nǐ yì gǔ xìng fú de quán shuǐ jiāo de kù xiǎo bǎo xiàng gè luò tāng jī

修改过了之后，酷小宝等着惊喜降临，游戏机里却喷出一股泉水，说：“修改正确！赏你一股幸福的泉水！”浇得酷小宝像个落汤鸡。

kù xiǎo bǎo nù huǒ chōng tiān cháo xiǎo hú tu xiān hǎn dào xiǎo hú tu xiān nǐ dài wǒ zǒu zhè me yuǎn de lù wán de shì zhè me yí gè shuǎ rén de yóu xì ya

酷小宝怒火冲天，朝小糊涂仙喊道：“小糊涂仙！你带我走这么远的路，玩的是这么一个耍人的游戏呀！”

xiǎo hú tu xiān xī xī xiào zhe fēi dào bàn kōng shuō xī xī duì bu qǐ wǒ jiù xǐ huan tīng rén duì wǒ fā nù

小糊涂仙嘻嘻笑着飞到半空，说：“嘻嘻，对不起，我就喜欢听人对我发怒。”

kù xiǎo bǎo shēng qì de shuō nǐ nǎ lǐ shì xiǎo hú tu xiān na nǐ fēn míng jiù shì yí gè dǎo dàn guǐ

酷小宝生气地说：“你哪里是小糊涂仙哪？你分明就是一个捣蛋鬼！”

xiǎo hú tu xiān yòu xiào xī xī de shuō xī xī duì bu qǐ ya gāng gāng nǐ jìn wèi de yě shì wǒ yòng xiǎo xiǎo de mó fǎ gěi nǐ cā diào de

小糊涂仙又笑嘻嘻地说：“嘻嘻，对不起呀！刚刚你进位的‘1’，也是我用小小的魔法给你擦掉的。”

wū wū wā wā áo áo qì de kù xiǎo bǎo bù zhī dào shuō shén me cái hǎo

“呜呜——哇哇——嗷嗷！”气得酷小宝不知道说什么才好。

kàn shuí gèng dǎo dàn
看谁更捣蛋

kù xiǎo bǎo yuè shēng qì， xiǎo hú tu xiān yuè kāi xīn， gāo xìng de zài kōng zhōng tiào wǔ。
酷小宝越生气，小糊涂仙越开心，高兴地在空中跳舞。

kù xiǎo bǎo pǎo dào yóu xì wū wài， tài yáng yí zhào shè dào shēn shang， yī fú mǎ shàng jiù gān le。 tā bù shēng qì le， yīn wèi tā zhī dào， zì jǐ yuè shēng qì， xiǎo hú tu xiān jiù yuè gāo xìng。 tā xiǎng： wǒ kù xiǎo bǎo shì shuí ya？ cōng míng、 jī líng de xiǎo tiáo pí， zěn me néng shū gěi xiǎo hú tu xiān？
酷小宝跑到游戏屋外，太阳一照射到身上，衣服马上就干了。他不生气了，因为他知道，自己越生气，小糊涂仙就越高兴。他想：我酷小宝是谁呀？聪明、机灵的小调皮，怎么能输给小糊涂仙？

kù xiǎo bǎo tǎng zài cǎo dì shang， liǎng shǒu bào zhe tóu， zuǐ li diāo zhe yì gēn máo máo cǎo， qiāo zhe èr láng tuǐ shài tài yáng。
酷小宝躺在草地上，两手抱着头，嘴里叼着一根毛毛草，跷着二郎腿晒太阳。

xiǎo hú tu xiān jiàn kù xiǎo bǎo bù shēng qì le， fēi dào tā miàn qián， wèn：“kù xiǎo bǎo， bù shēng qì le ya？”
小糊涂仙见酷小宝不生气了，飞到他面前，问：“酷小宝，不生气了呀？”

kù xiǎo bǎo xiào xiao bì shàng yǎn jing bù lǐ tā
酷小宝笑笑，闭上眼睛不理他。

xiǎo hú tu xiān tǎo hǎo de shuō kù xiǎo bǎo cháo wǒ fā huǒ
小糊涂仙讨好地说：“酷小宝，朝我发火

ba mà wǒ jǐ jù ba gāng cái wǒ duō duì bu qǐ nǐ ya nǐ zěn
吧，骂我几句吧！刚才我多对不起你呀！你怎

me néng bù shēng qì ne wǒ zuì pà bié rén bù lǐ wǒ le
么能不生气呢？我最怕别人不理我了。”

kù xiǎo bǎo yī rán bù lǐ tā xīn lǐ què zài xiǎng zhe zěn me
酷小宝依然不理他，心里却在想着怎么

duì fu zhè ge ài dǎo dàn de xiǎo hú tu xiān
对付这个爱捣蛋的小糊涂仙。

xiǎo hú tu xiān hěn hěn xīn shuō kù xiǎo bǎo zhè cì wǒ dài nǐ
小糊涂仙狠狠心说：“酷小宝，这次我带你

qù yí gè gèng hǎo wán de dì fang xíng bu xíng
去一个更好玩的地方，行不行？”

kù xiǎo bǎo zhēng kāi yì zhī yǎn jing wèn hái dài wǒ qù dǎo
酷小宝睁开一只眼睛，问：“还带我去倒

méi ya shuō wán yòu bì shàng le yǎn jing
霉呀？”说完又闭上了眼睛。

xiǎo hú tu xiān yáo yao tóu shuō bú shì bú shì
小糊涂仙摇摇头说：“不是，不是！”

kù xiǎo bǎo yòu zhēng kāi yì zhī yǎn jing shuō wǒ nǎ lǐ
酷小宝又睁开一只眼睛，说：“我哪里

dōu bù xiǎng qù jiù xiǎng qù zhǎo méng xiǎo bèi hé xiǎo xiān yuè
都不想去，就想去找萌小贝和小仙乐。

chú fēi
除非——”

xiǎo hú tu xiān yì tīng yǒu zhuǎn jī, lián máng wèn: "chú fēi shén me?"

小糊涂仙一听有转机，连忙问："除非什么？"

kù xiǎo bǎo zuò qi lai, bàn gè guǐ liǎn shuō: "nǐ qù yóu xì wū zuò yí cì tí."

酷小宝坐起来，扮个鬼脸说："你去游戏屋做一次题。"

xiǎo hú tu xiān tīng le, hěn hěn xīn shuō: "hǎo ba! zán men zǒu!"

小糊涂仙听了，狠狠心说："好吧！咱们走！"

zhè cì, xiǎo hú tu xiān zài yóu xì jī píng mù shang chù mō le yí xià, píng mù shang chū xiàn le yí dào jiǎn fǎ shù shì:

这次，小糊涂仙在游戏机屏幕上触摸了一下，屏幕上出现了一道减法竖式：

$$\begin{array}{r} 83 \\ -\ 78 \\ \hline \end{array}$$

xiǎo hú tu xiān hěn kuài jiù bǎ dá àn xiě shàng le:

小糊涂仙很快就把答案写上了：

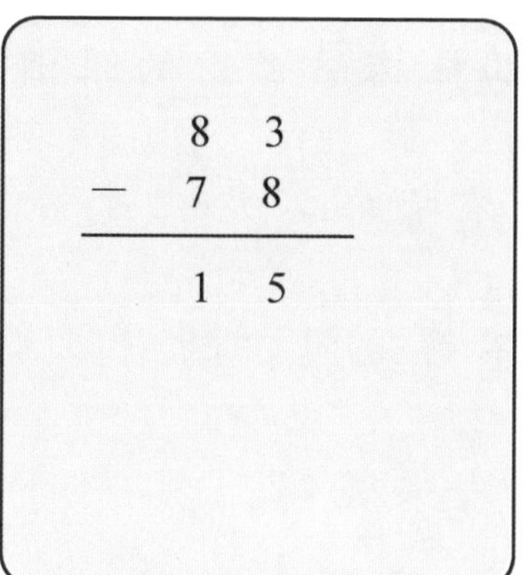

xiǎo hú tu xiān gāng gāng xiě wán yóu xì jī hū de pēn chū yì
小糊涂仙刚刚写完，游戏机忽地喷出一
gǔ hēi sè de nóng yān jiù xiàng huà gōng chǎng de dà yān cōng mào chū
股黑色的浓烟，就像化工厂的大烟囱冒出
de nóng yān yí yàng wū hēi qiàng de xiǎo hú tu xiān zhí ké sou kù
的浓烟一样乌黑，呛得小糊涂仙直咳嗽。酷
xiǎo bǎo què yì diǎnr shìr dōu méi yǒu yuán lái yóu xì jī zhǐ chéng
小宝却一点儿事儿都没有，原来游戏机只惩
fá zuò cuò tí de rén
罚做错题的人。

kù xiǎo bǎo běn yǐ wéi huì gēn shàng cì yí yàng pēn chū là là de
酷小宝本以为会跟上次一样喷出辣辣的
bái wù méi xiǎng dào zhè cì jìng rán shì nóng yān tā dān xīn de wèn
白雾，没想到这次竟然是浓烟。他担心地问：
xiǎo hú tu xiān nǐ méi shì ba zhēn duì bu qǐ dōu guài wǒ bǎ
“小糊涂仙，你没事吧？真对不起，都怪我，把
nǐ xiàng shí wèi jiè de gěi qiāo qiāo cā diào le
你向十位借的‘1’给悄悄擦掉了。”

xiǎo hú tu xiān mǒ mo ké sou chū de yǎn lèi shuō kàn wǒ dǎo méi nǐ zěn me méi yǒu hā hā xiào ne

小糊涂仙抹抹咳嗽出的眼泪，说："看我倒霉，你怎么没有哈哈笑呢？"

kù xiǎo bǎo bù jiě de wèn wèi shén me nǐ zhè me xǐ huan bié rén xiào nǐ duì nǐ fā huǒ ne

酷小宝不解地问："为什么你这么喜欢别人笑你，对你发火呢？"

xiǎo hú tu xiān yáo yao tóu shuō bú wèi shén me wǒ bǎ cuò tí gǎi zhèng guo lai zán men qù zhǎo méng xiǎo bèi hé xiǎo xiān yuè ba

小糊涂仙摇摇头，说："不为什么！我把错题改正过来，咱们去找萌小贝和小仙乐吧！"

kù xiǎo bǎo shuō bié gǎi le gǎi zhèng guo lai nǐ hái děi bèi jiāo gè luò tāng jī zán men zǒu ba wǒ bù xǐ huan zhè yàng de yóu xì

酷小宝说："别改了！改正过来你还得被浇个落汤鸡。咱们走吧！我不喜欢这样的游戏。"

xiǎo hú tu xiān xiào le xiào biān zài píng mù shang gǎi zhèng biān shuō bù gǎi zhèng guo lai de huà zán men shì chū bu qù de

小糊涂仙笑了笑，边在屏幕上改正，边说："不改正过来的话，咱们是出不去的。"

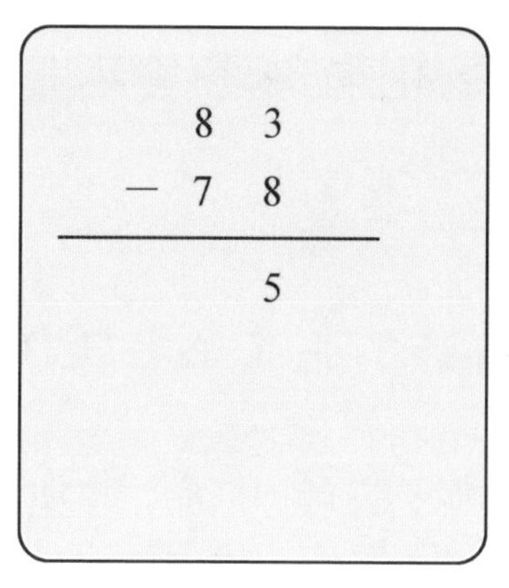

xiǎo hú tu xiān gāng gāng gǎi guo lai jiù bèi yì gǔ quán shuǐ jiāo

小糊涂仙刚刚改过来，就被一股泉水浇

chéng le luò tāng jī

成了落汤鸡。

kù xiǎo bǎo hé xiǎo hú tu xiān gǎn jǐn chōng chū yóu xì wū yí

酷小宝和小糊涂仙赶紧冲出游戏屋，一

jiàn dào nuǎn nuǎn de yáng guāng xiǎo hú tu xiān shēn shang jiù gān le

见到暖暖的阳光，小糊涂仙身上就干了。

kù xiǎo bǎo xiào xī xī de shuō xiè xie nǐ xiǎo hú tu xiān

酷小宝笑嘻嘻地说："谢谢你！小糊涂仙。"

xiǎo hú tu xiān bù jiě de wèn wèi shén me yòu xiè wǒ

小糊涂仙不解地问："为什么又谢我？"

kù xiǎo bǎo shuō xiè xie nǐ ràng wǒ jì láo gù le jìn wèi

酷小宝说："谢谢你让我记牢固了，进位

jiā fǎ bù néng wàng jì jiā shàng jìn wèi de tuì wèi jiǎn fǎ bù

加法不能忘记加上进位的'1'，退位减法不

néng wàng jì jiè chu qu de jīn nián wǒ biǎo gē jiù yīn wèi zhè

能忘记借出去的'1'。今年我表哥就因为这

ge yuán yīn méi kǎo jí gé bèi tā bà ba zòu de pì gu dōu zhǒng qi
个原因没考及格，被他爸爸揍得屁股都肿起

lai le
来了。”

xiǎo hú tu xiān tīng le xiān shì hā hā dà xiào qi lai rán hòu
小糊涂仙听了先是哈哈大笑起来，然后，

yǎn jing shī shī de shuō kù xiǎo bǎo xiè xie nǐ zhēn kāi xīn yǒu
眼睛湿湿的，说：“酷小宝，谢谢你！真开心有

nǐ zhè yàng de péng you
你这样的朋友。”

kù xiǎo bǎo tiáo pí de xiào xiao shuō nǐ bù xǐ huan bié rén duì
酷小宝调皮地笑笑说：“你不喜欢别人对

nǐ kè qi zěn me duì wǒ kè qi qi lai le
你客气，怎么对我客气起来了？”

xiǎo hú tu xiān yě tiáo pí de xiào le shuō zǒu zán men qù
小糊涂仙也调皮地笑了，说：“走！咱们去

zhǎo méng xiǎo bèi hé xiǎo xiān yuè ba wǒ xiǎng xiàn zài méng xiǎo bèi yǐ
找萌小贝和小仙乐吧！我想，现在萌小贝已

jīng shuì xǐng le
经睡醒了。”

xiǎo hú tu xiān jiù shì ài dǎo dàn

小糊涂仙就是爱捣蛋

zhè cì xiǎo hú tu xiān dào méi yǒu piàn kù xiǎo bǎo zhēn de méi zǒu duō yuǎn jiù dào le bǎi huā gǔ de rù kǒu bǎi huā gǔ rù kǒu yǒu liǎng zhī fēi cháng dà de mì fēng bǎ shǒu mì fēng lán zhù kù xiǎo bǎo shuō jiāo fèi jìn rù

这次小糊涂仙倒没有骗酷小宝，真的没走多远，就到了百花谷的入口。百花谷入口有两只非常大的蜜蜂把守，蜜蜂拦住酷小宝，说：“交费进入。”

kù xiǎo bǎo zhī dào jiāo fèi jiù shì zuò yí dào shù xué tí cháo mì fēng wēi xiào diǎn tóu shuō qǐng nín chū tí

酷小宝知道“交费”就是做一道数学题，朝蜜蜂微笑点头，说：“请您出题。”

mì fēng jiàn kù xiǎo bǎo zhè me yǒu lǐ mào yě duì kù xiǎo bǎo wēi xiào bìng dì gěi kù xiǎo bǎo yí gè diàn zǐ bǎn

蜜蜂见酷小宝这么有礼貌，也对酷小宝微笑，并递给酷小宝一个电子板。

diàn zǐ bǎn shang yǒu yí dào tí hú dié yǒu zhī hú dié bǐ mì fēng duō zhī mì fēng yǒu duō shao zhī

电子板上有一道题：蝴蝶有32只，蝴蝶比蜜蜂多20只。蜜蜂有多少只？

kù xiǎo bǎo rèn zhēn dú tí xiǎng bù néng kàn dào duō jiù

酷小宝认真读题，想：“不能看到‘多’就

用加法，要看清楚到底是谁多。蝴蝶比蜜蜂多20只，也就是蜜蜂比蝴蝶少20只。求蜜蜂有多少只，因为蜜蜂少，所以应该用减法。”

想到这里，酷小宝认真地在电子板上写下答案：

32－20＝12（只）

答：蜜蜂有12只。

酷小宝写完又看了一遍题目和答案，非常自信地把电子板交给其中一只蜜蜂。

蜜蜂接过电子板看了一眼，非常生气地说：“明明是我们蜜蜂多，你怎么用减法算呢？怎么蜜蜂就变成了12只呢？”

酷小宝赶紧解释：“不能看到‘多’字就用加法，要看清楚到底是谁多。”

蜜蜂气冲冲地把电子板递给酷小宝，说："你再看看，到底是谁多？"

酷小宝揉揉眼睛又看看电子板，电子板上的题和自己刚刚看到的不一样了：

蝴蝶有32只，蜜蜂比蝴蝶多20只。蜜蜂有多少只？

酷小宝再看看题，又扭头看看小糊涂仙，发现小糊涂仙正捂着嘴偷笑，终于明白了，原来刚刚小糊涂仙又用了魔法，调换了"蝴蝶"和"蜜蜂"的位置。

酷小宝狠狠地瞪了小糊涂仙一眼，然后微笑着对蜜蜂说："对不起，刚刚是我看错了。在这道题里面，让求蜜蜂有多少只，蜜蜂比蝴蝶多20只，所以，应该用加法计算。"

kù xiǎo bǎo bǎ dá àn gǎi zhèng guo lai
酷小宝把答案改正过来：

zhī
32+20=52（只）

dá mì fēng yǒu zhī
答：蜜蜂有52只。

mì fēng jiē guò diàn zǐ bǎn kàn kan kù xiǎo bǎo gǎi zhèng guo lai hòu de dá àn zhōng yú diǎn dian tóu wēi xiào le shuō nín qǐng jìn zhù nín zài bǎi huā gǔ wán de kāi xīn
蜜蜂接过电子板，看看酷小宝改正过来后的答案，终于点点头微笑了，说："您请进！祝您在百花谷玩得开心！"

kù xiǎo bǎo lǐ mào de duì mì fēng shuō shēng xiè xie zǒu jìn bǎi huā gǔ
酷小宝礼貌地对蜜蜂说声"谢谢"，走进百花谷。

xiǎo hú tu xiān zài hòu miàn jǐn jǐn gēn zhe kù xiǎo bǎo tā děng zhe kù xiǎo bǎo cháo tā fā nù kě shì kù xiǎo bǎo jiù shì bù lǐ tā
小糊涂仙在后面紧紧跟着酷小宝，他等着酷小宝朝他发怒，可是酷小宝就是不理他。

kù xiǎo bǎo zài qián miàn kuài sù de zǒu xiǎo hú tu xiān jiù zài hòu miàn kuài sù de fēi kù xiǎo bǎo màn màn de zǒu xiǎo hú tu xiān jiù zài hòu miàn màn màn de fēi
酷小宝在前面快速地走，小糊涂仙就在后面快速地飞；酷小宝慢慢地走，小糊涂仙就在后面慢慢地飞。

xiǎo hú tu xiān yāng qiú kù xiǎo bǎo kù xiǎo bǎo nǐ duì wǒ
小糊涂仙央求酷小宝："酷小宝，你对我

shuō jù huà ya gānggāng shì wǒ cuò le hǎo bu hǎo
说句话呀。刚刚是我错了，好不好？”

kù xiǎo bǎo yī rán bù lǐ tā xiǎng zhè ge jiā huo zhè ge
酷小宝依然不理他，想：这个家伙，这个
dǎo dàn guǐ hái jiào xiǎo hú tu xiān ne nǎ lǐ yǒu yì diǎnr hú tu
捣蛋鬼！还叫小糊涂仙呢，哪里有一点儿糊涂
wa yīng gāi jiào dǎo dàn guǐ cái duì
哇？应该叫捣蛋鬼才对！

xiǎo hú tu xiān fēi dào kù xiǎo bǎo gēn qián mǒ mo yǎn lèi
小糊涂仙飞到酷小宝跟前，抹抹眼泪，
shuō kù xiǎo bǎo wǒ duì bu qǐ nǐ wū wū qiú nǐ bié bù lǐ
说：“酷小宝，我对不起你。呜呜，求你别不理
wǒ hǎo bu hǎo wǒ cuò le wǒ duì bu qǐ péng you nǐ dǎ wǒ mà
我，好不好？我错了，我对不起朋友！你打我骂
wǒ ma
我嘛！”

kù xiǎo bǎo zuì shòu bu liǎo bié rén mǒ yǎn lèi shuō hǎo le
酷小宝最受不了别人抹眼泪，说：“好了，
hǎo le bié kū le wǒ zuì shòu bu liǎo bié rén zài wǒ miàn qián zhuāng
好了，别哭了！我最受不了别人在我面前装
kě lián
可怜。”

xiǎo hú tu xiān lì jí cā gān yǎn lèi xiào le shuō āi
小糊涂仙立即擦干眼泪，笑了，说：“哎
yō kù xiǎo bǎo zhēn shì tài ràng rén gǎn dòng le
哟！酷小宝真是太让人感动了！”

kù xiǎo bǎo yě xiào le shuō nǐ zhè ge tiáo pí guǐ
酷小宝也笑了，说：“你这个调皮鬼！”

xiǎo hú tu xiān fēi zhuàn yì quān dà shēng biǎo yǎn qǐ lǎng sòng
小糊涂仙飞转一圈，大声表演起朗诵：

ā zài zhè ge shì jiè shang bǐ lù dì kuān kuò de shì hǎi
“啊——在这个世界上，比陆地宽阔的是海

yáng bǐ hǎi yáng kuān kuò de shì tiān kōng bǐ tiān kōng kuān kuò de shì
洋，比海洋宽阔的是天空，比天空宽阔的是

kù xiǎo bǎo de xiōng huái
酷小宝的胸怀！”

kù xiǎo bǎo kàn zhe xiǎo hú tu xiān kuā zhāng de yàng zi rěn bu
酷小宝看着小糊涂仙夸张的样子，忍不

zhù hā hā dà xiào
住哈哈大笑。

xiǎo hú tu xiān xī xī xiào zhe shuō hāi nǐ zhōng yú xiào le
小糊涂仙嘻嘻笑着说：“嗨！你终于笑了，

zhōng yú kāi xīn le wǒ zhēn pèi fú sǐ wǒ zì jǐ le
终于开心了！我真佩服死我自己了！”

kù xiǎo bǎo bù jiě de kàn zhe xiǎo hú tu xiān shuō mò míng
酷小宝不解地看着小糊涂仙，说：“莫名

qí miào
其妙。”

wèi xīng dìng wèi xún zhǎo méng xiǎo bèi

卫星定位，寻找萌小贝

bǎi huā gǔ tài dà le yì yǎn wàng bu dào biānr dà dà xiǎo

百花谷太大了，一眼望不到边儿。大大小

xiǎo de huā duǒ yì duǒ āi zhe yì duǒ dōu shì nà me xiān yàn nà me

小的花朵，一朵挨着一朵，都是那么鲜艳，那么

qīng xiāng jiù xiàng xiān huā de hǎi yáng

清香，就像鲜花的海洋。

kù xiǎo bǎo shuō zhè lǐ yīng gāi gǎi míng jiào huā hǎi

酷小宝说：“这里应该改名叫花海。”

xiǎo hú tu xiān xiào xī xī de shuō ǹg nǐ zhè míng zì gǎi

小糊涂仙笑嘻嘻地说：“嗯，你这名字改

de hǎo

得好！”

kù xiǎo bǎo wèn xiǎo hú tu xiān zán men gāi qù nǎ lǐ zhǎo

酷小宝问小糊涂仙：“咱们该去哪里找

méng xiǎo bèi hé xiǎo xiān yuè ne nǐ huì bu huì zhǎo rén de mó fǎ

萌小贝和小仙乐呢？你会不会找人的魔法？”

xiǎo hú tu xiān yáo yao tóu shuō wǒ kě méi yǒu nà běn shi

小糊涂仙摇摇头，说：“我可没有那本事。

wǒ dài nǐ qù zhǎo bǎi huā gǔ de fú mǐ lè ba tā yǒu wèi xīng dìng wèi

我带你去找百花谷的福米乐吧，他有卫星定位

xì tǒng

系统。”

fú mǐ lè wèi xīng dìng wèi kù xiǎo bǎo jīng qí de wèn
“福米乐？卫星定位？”酷小宝惊奇地问。

xiǎo hú tu xiān diǎn dian tóu shuō ǹg tā kě yǐ mǎ shàng bāng nǐ zhǎo dào méng xiǎo bèi
小糊涂仙点点头，说：“嗯，他可以马上帮你找到萌小贝。”

shuō zhe xiǎo hú tu xiān cháo qián fēi kù xiǎo bǎo zài hòu miàn gēn zhe
说着，小糊涂仙朝前飞，酷小宝在后面跟着。

xiǎo hú tu xiān nǐ bú yào zài shuǎ wǒ ya kù xiǎo bǎo hǎn dào
“小糊涂仙，你不要再耍我呀！”酷小宝喊道。

xiǎo hú tu xiān tiáo pí de huí tóu xiào le xiào shuō kuài diǎnr lái ba
小糊涂仙调皮地回头笑了笑，说：“快点儿来吧！”

xiǎo hú tu xiān hěn kuài jiù dài kù xiǎo bǎo dào le yí gè bèi xiān huā bāo wéi zhe de shān dòng qián shān dòng shang xiě zhe jǐ gè dà zì fú mǐ lè huān yíng nín de guāng lín
小糊涂仙很快就带酷小宝到了一个被鲜花包围着的山洞前，山洞上写着几个大字：福米乐欢迎您的光临。

kù xiǎo bǎo suí xiǎo hú tu xiān zǒu jìn shān dòng tái tóu kàn dào yì zhī jù dà de biān fú dào guà zài shān dòng kǒu xià le yí dà tiào
酷小宝随小糊涂仙走进山洞，抬头看到一只巨大的蝙蝠倒挂在山洞口，吓了一大跳。

xiǎo hú tu xiān cháo dà biān fú dǎ zhāo hu shuō hāi fú mǐ
小糊涂仙朝大蝙蝠打招呼，说：“嗨！福米
lè lái gù kè le
乐，来顾客了！”

dà biān fú zhēng kāi shuāng yǎn cóng shān dòng dǐng shang fēi xia
大蝙蝠睁开双眼，从山洞顶上飞下
lai xiào xī xī de zhāo hu kù xiǎo bǎo huān yíng guāng lín
来，笑嘻嘻地招呼酷小宝：“欢迎光临！”

kù xiǎo bǎo jiàn dà biān fú yì diǎnr dōu bù kě pà lǐ mào
酷小宝见大蝙蝠一点儿都不可怕，礼貌
de shuō nín hǎo wǒ xiǎng xún zhǎo wǒ de mèi mei méng xiǎo bèi jù
地说：“您好！我想寻找我的妹妹萌小贝，据
shuō tā xiàn zài jiù zài bǎi huā gǔ
说她现在就在百花谷。”

dà biān fú wú bǐ zì háo de shuō hǎo shuō hǎo shuō bié shuō
大蝙蝠无比自豪地说：“好说，好说！别说
tā jiù zài bǎi huā gǔ tā jiù shì zài tiān yá hǎi jiǎo wǒ dōu kě yǐ
她就在百花谷，她就是在天涯海角，我都可以
shùn jiān bǎ tā zhǎo dào
瞬间把她找到！”

kù xiǎo bǎo jí qiè de shuō qǐng nín xiàn zài jiù bāng wǒ zhǎo
酷小宝急切地说：“请您现在就帮我找
dào tā
到她。”

dà biān fú wēi xiào zhe dì gěi kù xiǎo bǎo yí gè diàn zǐ bǎn
大蝙蝠微笑着递给酷小宝一个电子板，
shuō qǐng nín wán chéng zhè xiē shù xué tí
说：“请您完成这些数学题。”

酷小宝接过数学题，看了一眼，第一个算式没学过：

32+(26-31) =

81-32+16 =

65-42-31 =

酷小宝想起曾经听表哥说过一句："有小括号的时候，应该先算小括号里面的，我先算了小括号外面的，挨了一顿打。"

酷小宝知道了，要先算小括号里面的。于是，他在电子板上列起竖式。可是，写了两个数字，就停了下来，因为26减31不够减哪！

酷小宝把电子板递给大蝙蝠，说："福米乐先生，第一个算式应该先算小括号里面

de dàn shì xiǎo kuò hào lǐ miàn bú gòu jiǎn na
的，但是，小括号里面不够减哪。”

dà biān fú jiē guò diàn zǐ bǎn kàn le yì yǎn wèn dì yī
大蝙蝠接过电子板，看了一眼，问：“第一

gè suàn shì méi yǒu xiǎo kuò hào a nǎ lǐ huì bú gòu jiǎn
个算式没有小括号啊！哪里会不够减？”

kù xiǎo bǎo zài kàn yì yǎn diàn zǐ bǎn què shí dì yī gè suàn
酷小宝再看一眼电子板，确实，第一个算

shì méi yǒu xiǎo kuò hào
式没有小括号。

kù xiǎo bǎo kàn kan xiǎo hú tu xiān fā xiàn tā guǒ rán zài hòu miàn
酷小宝看看小糊涂仙，发现他果然在后面

tōu xiào
偷笑。

kù xiǎo bǎo bù hǎo yì si de duì dà biān fú shuō zhēn shì duì
酷小宝不好意思地对大蝙蝠说：“真是对

bu qǐ gāng gāng shì wǒ méi kàn qīng chu
不起，刚刚是我没看清楚。”

kù xiǎo bǎo jiē guò diàn zǐ bǎn rèn zhēn jì suàn xiě dào dì sān
酷小宝接过电子板认真计算，写到第三

dào suàn shì shí fā xiàn jìng rán yòu bú gòu jiǎn le tā měng de niǔ
道算式时，发现竟然又不够减了。他猛地扭

tóu kàn dào xiǎo hú tu xiān yì shǒu wǔ zhe dù zi yì shǒu wǔ zhe zuǐ
头，看到小糊涂仙一手捂着肚子，一手捂着嘴

tōu xiào ne zhè jiā huo yí dìng shì xiào de dù zi tòng le
偷笑呢。这家伙，一定是笑得肚子痛了。

32+26−31=

81−32+16=

65−42−31=

$$\begin{array}{r} 32 \\ +26 \\ \hline 58 \\ -31 \\ \hline 27 \end{array} \qquad \begin{array}{r} 81 \\ -32 \\ \hline 49 \\ +16 \\ \hline 65 \end{array} \qquad \begin{array}{r} 65 \\ -42 \\ \hline 23 \\ -31 \\ \hline \end{array}$$

kù xiǎo bǎo hěn hěn de dèng xiǎo hú tu xiān yì yǎn yòng yǎn shén gào su tā gǎn jǐn gěi wǒ biàn huí lai fǒu zé wǒ zài yě bù lǐ nǐ le

酷小宝狠狠地瞪小糊涂仙一眼，用眼神告诉他：“赶紧给我变回来，否则，我再也不理你了！”

xiǎo hú tu xiān tǔ tu shé tou yòng shǒu zhǐ le zhǐ diàn zǐ bǎn cháo kù xiǎo bǎo diǎn dian tóu yòng yǎn shén gào su kù xiǎo bǎo hǎo le kù xiǎo bǎo xiàn zài nǐ kě yǐ fàng xīn zuò le

小糊涂仙吐吐舌头，用手指了指电子板，朝酷小宝点点头，用眼神告诉酷小宝：“好了，酷小宝，现在你可以放心做了！”

kù xiǎo bǎo kàn kan yǐ jīng zuò hǎo de liǎng dào tí bù de bù chóng xīn bǎ dì èr dào tí cā diào yīn wèi chú le dì yī dào tí méi yǒu xiǎo kuò hào hòu miàn liǎng dào tí dōu yǒu xiǎo kuò hào

酷小宝看看已经做好的两道题，不得不重新把第二道题擦掉，因为，除了第一道题没有小括号，后面两道题都有小括号。

kù xiǎo bǎo chóng xīn jì suàn

酷小宝重新计算：

$32+26-31=27$

$81-(32+16)=33$

$65-(42-31)=54$

$$\begin{array}{r} 32 \\ +26 \\ \hline 58 \\ -31 \\ \hline 27 \end{array} \qquad \begin{array}{r} 32 \\ +16 \\ \hline 48 \\ 81 \\ -48 \\ \hline 33 \end{array} \qquad \begin{array}{r} 42 \\ -31 \\ \hline 11 \\ 65 \\ -11 \\ \hline 54 \end{array}$$

zhōng yú suàn wán le kù xiǎo bǎo bǎ diàn zǐ bǎn jiāo gěi dà biān fú dà biān fú zǐ xì kàn le kàn diǎn dian tóu shuō fēi cháng zhèng què

终于算完了，酷小宝把电子板交给大蝙蝠，大蝙蝠仔细看了看，点点头说：“非常正确！”

dà biān fú qǔ chū yí gè niǔ kòu dà xiǎo de diàn zǐ yí zài shàng miàn shū rù méng xiǎo bèi sān gè zì bìng gěi kù xiǎo bǎo dài dào shǒu wàn shang shuō hǎo le tā kě yǐ dài nǐ qù zhǎo méng xiǎo bèi

大蝙蝠取出一个纽扣大小的电子仪，在上面输入“萌小贝”三个字，并给酷小宝戴到手腕上，说：“好了，它可以带你去找萌小贝。”

kù xiǎo bǎo yí huò de wèn wèi xīng dìng wèi

酷小宝疑惑地问：“卫星定位？”

dà biān fú wēi xiào zhe diǎn dian tóu shuō fàng xīn ba yí dìng huì dài nǐ zhǎo dào méng xiǎo bèi

大蝙蝠微笑着点点头，说：“放心吧，一定会带你找到萌小贝。”

kù xiǎo bǎo zǒu chū shān dòng yì tái jiǎo jiù fēi le qǐ lái

酷小宝走出山洞，一抬脚，就飞了起来，

hěn kuài jiù jiàng luò dào le yì duǒ fēi cháng dà de huā duǒ qián
很快就降落到了一朵非常大的花朵前。

kù xiǎo bǎo jiàng luò de tóng shí shǒu wàn shang de diàn zǐ yí huà
酷小宝降落的同时，手腕上的电子仪化
zuò yí dào guāng yòu fēi xiàng le shān dòng
作一道光，又飞向了山洞。

méng xiǎo bèi zhèng yōu xián de tǎng zài róu ruǎn qīng xiāng de huā
萌小贝正悠闲地躺在柔软、清香的花
bàn li jǐ zhī yàn lì de hú dié wéi zhe méng xiǎo bèi tiào zhe wǔ
瓣里，几只艳丽的蝴蝶围着萌小贝跳着舞。

xiǎo xiān nǚ jiàn dào kù xiǎo bǎo xiào mī mī de shuō kù xiǎo
小仙女见到酷小宝，笑眯眯地说："酷小
bǎo nǐ zhōng yú lái le
宝，你终于来了！"

三朵姐妹花的舞蹈

sān duǒ jiě mèi huā de wǔ dǎo

kù xiǎo bǎo bào yuàn dào nǐ men liǎng gè zěn me bù gēn wǒ dǎ gè zhāo hu jiù pǎo zhè lǐ lái le
酷小宝抱怨道："你们两个怎么不跟我打个招呼就跑这里来了？"

xiǎo xiān nǚ xiào xī xī de wèn nǐ bú shì yì zhí xiǎng zhǎo xiǎo hú tu xiān ma wǒ jiàn tā shǒu zhe nǐ jiù dài méng xiǎo bèi xiān lái le
小仙女笑嘻嘻地问："你不是一直想找小糊涂仙吗？我见他守着你，就带萌小贝先来了。"

méng xiǎo bèi lè hē hē de zuò qi lai wèn kù xiǎo bǎo xiǎo hú tu xiān hǎo hái shi xiǎo xiān yuè hǎo
萌小贝乐呵呵地坐起来，问酷小宝："小糊涂仙好还是小仙乐好？"

kù xiǎo bǎo chóu méi kǔ liǎn de shuō ài bié tí le shén me xiǎo hú tu xiān jiù shì yí gè dǎo dàn guǐ
酷小宝愁眉苦脸地说："唉！别提了，什么小糊涂仙，就是一个捣蛋鬼！"

kù xiǎo bǎo dōu shì wǒ bú duì nǐ mà wǒ ba xiǎo hú tu xiān jí cōng cōng de fēi guo lai mǒ zhe yǎn lèi duì kù xiǎo bǎo
"酷小宝，都是我不对，你骂我吧！"小糊涂仙急匆匆地飞过来，抹着眼泪对酷小宝

说，“你狠狠地朝我发火吧！”

小仙女看着小糊涂仙哭得伤心，说得可怜，不仅不安慰他，还哈哈大笑。

萌小贝也嘻嘻笑。

酷小宝有点儿心软，说：“别哭了，我原谅你。”

小糊涂仙终于擦擦眼泪，扮个鬼脸，嘻嘻笑了。

小仙女哈哈大笑，说：“小糊涂仙，你的演技还是那么逼真哪！”

“演技？”酷小宝突然明白了，小糊涂仙可真是演技高超，含着眼泪能立即变笑脸；笑嘻嘻的脸，可以瞬间晴转阴，马上就能下起大暴雨。

kù xiǎo bǎo bú kàn xiǎo hú tu xiān dǎ suàn zài yě bù lǐ tā le
酷小宝不看小糊涂仙，打算再也不理他了。

xiǎo xiān nǚ shuō xiǎo hú tu xiān xīn dì hěn shàn liáng jiù shì
小仙女说：“小糊涂仙心地很善良，就是
ài gǎo è zuò jù
爱搞恶作剧。”

xiǎo hú tu xiān xiào xī xī de shuō xī xī kù xiǎo bǎo wèi
小糊涂仙笑嘻嘻地说：“嘻嘻，酷小宝，为
le biǎo dá wǒ de qiàn yì xià miàn wǒ qǐng nǐ kàn wǔ dǎo xué shù
了表达我的歉意，下面，我请你看舞蹈、学数
xué zěn me yàng
学，怎么样？”

kù xiǎo bǎo niǔ guò tóu shuō hng wǒ cái bù xī han kàn nǐ
酷小宝扭过头，说：“哼！我才不稀罕看你
tiào wǔ ne
跳舞呢！”

kù xiǎo bǎo fā xiàn shēn biān de cǎo dì shang zhǎng chū hóng
酷小宝发现身边的草地上长出红、
huáng zǐ sān duǒ huā
黄、紫三朵花。

sān duǒ huā yáo bǎi shēn tǐ tiào qǐ wǔ tū rán shuō huà le
三朵花摇摆身体跳起舞，突然说话了：
hāi kù xiǎo bǎo nǐ hǎo
“嗨！酷小宝，你好。”

jìng rán hái yǒu huì zǒu lù huì tiào wǔ huì shuō huà de xiǎo huā
竟然还有会走路、会跳舞、会说话的小花？
kù xiǎo bǎo jīng yà de zhēng dà le yǎn jing jiē jiē bā bā de shuō
酷小宝惊讶地睁大了眼睛，结结巴巴地说：

nǐ nǐ men hǎo
“你——你们好！”

sān duǒ huā shuō wǒ men sān duǒ jiě mèi huā xiǎng pāi xiē zhào piàn qù cān jiā xuǎn měi bǐ sài wǒ men yǒu jǐ zhǒng bù tóng de zhàn fǎ ne nǐ néng bāng wǒ men pái yi pái ma
三朵花说：“我们三朵姐妹花，想拍些照片去参加选美比赛。我们有几种不同的站法呢？你能帮我们排一排吗？”

kù xiǎo bǎo diǎn dian tóu shuō fēi cháng lè yì bāng zhù nǐ men ǹg ràng wǒ xiǎng xiang
酷小宝点点头说：“非常乐意帮助你们。嗯，让我想想。”

sān duǒ jiě mèi huā xiàng kù xiǎo bǎo jū gè gōng qí shēng shuō xiè xie nín
三朵姐妹花向酷小宝鞠个躬，齐声说：“谢谢您！”

kù xiǎo bǎo wāi zhe nǎo dai xiǎng le xiǎng shuō nǐ men kě yǐ zhè yàng xiǎng ràng hóng huā jiě jie zhàn zuì zuǒ bian pái dì yī rán hòu huáng huā jiě jie dì èr zǐ huā jiě jie dì sān huò zhě zǐ huā jiě jie dì èr huáng huā jiě jie dì sān yě jiù shì shuō dāng hóng huā jiě jie pái dì yī de shí hou yǒu liǎng zhǒng pái fǎ nà me huáng huā jiě jie pái dì yī hé zǐ huā jiě jie pái dì yī de shí hou dōu gè yǒu liǎng
酷小宝歪着脑袋想了想，说：“你们可以这样想：让红花姐姐站最左边排第一，然后，黄花姐姐第二、紫花姐姐第三，或者紫花姐姐第二、黄花姐姐第三，也就是说，当红花姐姐排第一的时候，有两种排法。那么，黄花姐姐排第一和紫花姐姐排第一的时候，都各有两

种排法，所以，一共有2+2+2=6（种）排法。”

三朵姐妹花听了酷小宝的解释，开心地说：“听酷小宝这样一说，我们就明白了。”

然后，红花站在最左边排第一，黄花说：“我可以排第二。”紫花说：“那么，我第三。”

她们排好后点头哈哈笑。黄花说：“我也可以第三。”紫花说：“那么，我第二。”

红花说：“好了，我已经做了两次第一，该你们了。”

黄花说：“这次我排第一。”紫花说：“我

第二。”红花说：“那么，我第三。”

紫花说：“我还可以排第三。”红花说：“那么，我第二。”

她们排好后，咯咯笑着跳起舞。

紫花说：“这下就剩我还没做过第一，该我排第一了。”说完她站好。

红花说：“我先排第二。”黄花嘻嘻笑着说：“那么，我第三。”

红花说：“我还可以排第三。”黄花扭扭腰，站在紫花和红花中间，说：“那么，我

dì èr
第二。”

jiē zhe sān duǒ huā shǒu lā shǒu wéi gè quānr biān tiào biān
接着，三朵花手拉手围个圈儿，边跳边
qí chàng shén qí shén qí zhēn shén qí wǒ men lún liú pái dì yī
齐唱：“神奇神奇真神奇，我们轮流排第一。
huì chàng huì tiào sān duǒ huā liù zhǒng bù tóng pái liè fǎ
会唱会跳三朵花，六种不同排列法。”

jiē zhe hóng huā tiào chu lai chàng wǒ dì yī
接着，红花跳出来唱：“我第一。”

huáng huā chàng wǒ dì èr zhàn zài le hóng huā yòu bian
黄花唱：“我第二。”站在了红花右边。

zǐ huā zhàn zài huáng huā yòu bian chàng nà me wǒ dì sān
紫花站在黄花右边，唱：“那么，我第三。”

……

tā men kāi xīn de chàng a chàng tiào wa tiào zhōng yú bǎ liù
它们开心地唱啊唱，跳哇跳，终于把六
zhǒng pái fǎ chàng wán le cǎo dì shang tū rán yòu zhǎng chū yì xiē huā
种排法唱完了。草地上突然又长出一些花
ér jìng rán tóng shí chū xiàn le liù zhǒng bù tóng de pái fǎ huā ér men
儿，竟然同时出现了六种不同的排法。花儿们

弯腰朝酷小宝鞠个躬，齐声说：“谢谢酷小宝的欣赏！”

花儿们说完就消失了，小糊涂仙飞到酷小宝面前，说：“怎么样？花儿们表演的，就是数学中的排列组合。你用加法计算比较麻烦，应该用乘法，排第一可以是红花，也可以是紫花或黄花，有三种选择；第一站好后，排第二的就有两种选择，第三就剩下一种选择。所以，一共有3×2=6（种）排法。”

酷小宝这才知道，是小糊涂仙安排的花儿们的舞蹈。

hǎo wēn róu de huā huā mǎng
好温柔的花花蟒

méng xiǎo bèi xī xī xiào zhe shuō wǒ hǎo xǐ huan xiǎo hú tu xiān na
萌小贝嘻嘻笑着说："我好喜欢小糊涂仙哪！"

kù xiǎo bǎo hng le yì shēng shuō nǐ shì méi cháng dào tā dǎo dàn qi lai de kǔ tóu wǒ hái shi xǐ huan xiǎo xiān yuè
酷小宝"哼"了一声，说："你是没尝到他捣蛋起来的苦头。我还是喜欢小仙乐。"

xiǎo xiān nǚ tīng le kù xiǎo bǎo de huà kāi xīn de shuō hā hā xiàn zài bù xiǎng xiǎo hú tu xiān le
小仙女听了酷小宝的话，开心地说："哈哈，现在不想小糊涂仙了？"

xiǎo hú tu xiān tiáo pí de xiào zhe shuō hēi hēi wǒ jiù shì xǐ huan bié rén tǎo yàn wǒ xǐ huan kàn bié rén bù kāi xīn de liǎn
小糊涂仙调皮地笑着说："嘿嘿，我就是喜欢别人讨厌我，喜欢看别人不开心的脸。"

tū rán kù xiǎo bǎo jiān jiào qi lai shé hǎo dà de mǎng shé
突然，酷小宝尖叫起来："蛇！好大的蟒蛇！"

guǒ rán yì tiáo jù dà de huā mǎng shé zhèng cháo tā men pá guo
果然，一条巨大的花蟒蛇正朝他们爬过

lai méng xiǎo bèi yě xià le yí tiào tā zuì pà shé le
来，萌小贝也吓了一跳，她最怕蛇了。

xiǎo xiān nǚ hé xiǎo hú tu xiān xiào le xiào shuō bú yòng pà
小仙女和小糊涂仙笑了笑说：“不用怕，
shì huā huā mǎng tā hěn wēn róu shì lái jiē nǐ men qù wán de
是花花蟒。它很温柔，是来接你们去玩的。”

kù xiǎo bǎo hé méng xiǎo bèi tīng le bú zài jǐn zhāng wèn
酷小宝和萌小贝听了，不再紧张，问：
huì dài wǒ men qù nǎ lǐ wán ne
“会带我们去哪里玩呢？”

děng huìr nǐ men jiù zhī dào le xiǎo xiān nǚ hé xiǎo hú
“等会儿你们就知道了！”小仙女和小糊
tu xiān tiáo pí de shuō nǐ men xiān gēn huā huā mǎng qù wán suí hòu
涂仙调皮地说，“你们先跟花花蟒去玩，随后
wǒ men huì qù zhǎo nǐ men de
我们会去找你们的。”

huā huā mǎng dào le gēn qián wēn róu de shuō qǐng qí dào wǒ
花花蟒到了跟前，温柔地说：“请骑到我
de bèi shang
的背上。”

kù xiǎo bǎo hé méng xiǎo bèi zǒu guo qu huā huā mǎng dī tóu
酷小宝和萌小贝走过去，花花蟒低头
bǎ tā men yùn sòng dào zì jǐ bèi shang kuài sù de pá xíng zài huā
把他们运送到自己背上，快速地爬行在花
hǎi zhōng
海中。

huā huā mǎng de sù dù zhēn kuài yì zhū zhū qīng xiāng de xiān huā
花花蟒的速度真快，一株株清香的鲜花

bèi shuǎi dào shēn hòu fēng ér liāo qǐ kù xiǎo bǎo hé méng xiǎo bèi de tóu
被甩到身后，风儿撩起酷小宝和萌小贝的头

fa zài tā men ěr biān hū hū de gē chàng
发，在他们耳边呼呼地歌唱。

kù xiǎo bǎo hé méng xiǎo bèi dà shēng wèn huā huā mǎng nǐ yào
酷小宝和萌小贝大声问：“花花蟒，你要

dài wǒ men qù nǎ lǐ ya
带我们去哪里呀？”

huā huā mǎng wēn róu de shuō xiān dài nǐ men qù bǔ diǎnr
花花蟒温柔地说：“先带你们去补点儿

shù xué zhī shi rán hòu zài qù yí gè fēi cháng hǎo wán de dì fang
数学知识，然后再去一个非常好玩的地方。”

kù xiǎo bǎo hé méng xiǎo bèi tīng dào jì kě yǐ xué shù xué zhī
酷小宝和萌小贝听到既可以学数学知

shi yòu yǒu hǎo wán de dōu kāi xīn jí le
识，又有好玩的，都开心极了。

huā huā mǎng hěn kuài jiù dài tā men dào le yí gè xiǎo shí wū
花花蟒很快就带他们到了一个小石屋，

kù xiǎo bǎo hé méng xiǎo bèi cóng huā huā mǎng shēn shang huá xia lai shuō
酷小宝和萌小贝从花花蟒身上滑下来，说：

huā huā mǎng xiè xie nǐ
“花花蟒，谢谢你！”

huā huā mǎng wēn róu de shuō bú kè qi nǐ men jìn qù
花花蟒温柔地说：“不客气。你们进去

ba wǒ zài wài miàn děng nǐ men hē hē lǐ miàn shí zài róng bu
吧，我在外面等你们。呵呵，里面实在容不

xià wǒ
下我。”

kù xiǎo bǎo hé méng xiǎo bèi zǒu jìn xiǎo shí wū shí wū li kōng
酷小宝和萌小贝走进小石屋，石屋里空
kōng de shén me dōu méi yǒu
空的，什么都没有。

zhèng nà mèn shí qiáng bì shang tū rán chū xiàn le yí gè diàn
正纳闷时，墙壁上突然出现了一个电
zǐ píng dài yǎn jìng de shān yáng lǎo shī shuō kù xiǎo bǎo méng xiǎo
子屏，戴眼镜的山羊老师说：“酷小宝，萌小
bèi huān yíng nǐ men dào wǒ de jī jiǎo wū lái shàng kè wǒ jīn tiān
贝，欢迎你们到我的‘犄角屋’来上课。我今天
yào gěi nǐ men jiǎng de shì guān yú jiǎo de shù xué zhī shi nǐ men
要给你们讲的是关于‘角’的数学知识。你们
rèn shi jiǎo ma
认识‘角’吗？”

kù xiǎo bǎo hé méng xiǎo bèi rèn zhēn tīng zhe shuō jiǎo
酷小宝和萌小贝认真听着，说：“‘角’
shì wǒ men nà lǐ de rén mín bì dān wèi
是我们那里的人民币单位。”

shān yáng lǎo shī xiào le shuō jīn tiān wǒ men yào shuō de
山羊老师笑了，说：“今天我们要说的
jiǎo bú shì huò bì dān wèi
‘角’，不是货币单位。”

kù xiǎo bǎo kàn dào qiáng jiǎo shuō ò wǒ zhī dào le
酷小宝看到墙角，说：“哦！我知道了！
shēng huó zhōng hěn duō wù tǐ dōu yǒu jiǎo bǐ rú qiáng jiǎo shū jiǎo
生活中很多物体都有角，比如墙角、书角、
zhuō zi jiǎo
桌子角……”

shān yáng lǎo shī wēi xiào zhe diǎn dian tóu shuō zhēn shì gè cōng
山羊老师微笑着点点头，说：“真是个聪

míng de hái zi nǐ shuō de duì wǒ men jīn tiān yào yán jiū de jiù shì
明的孩子。你说得对，我们今天要研究的就是

nǐ shuō de jiǎo
你说的角。”

shuō zhe shān yáng lǎo shī ná chū yí tào sān jiǎo chǐ wǎng píng
说着，山羊老师拿出一套三角尺，往屏

mù wài yì rēng jìng rán dào le kù xiǎo bǎo hé méng xiǎo bèi shǒu li
幕外一扔，竟然到了酷小宝和萌小贝手里。

shān yáng lǎo shī shuō guān chá yí xià nǐ men shǒu li de sān
山羊老师说：“观察一下你们手里的三

jiǎo chǐ shuō shuo yǒu shén me fā xiàn
角尺，说说有什么发现。”

kù xiǎo bǎo shuō měi gè sān jiǎo chǐ dōu yǒu sān gè jiǎo
酷小宝说：“每个三角尺都有三个角。”

méng xiǎo bèi shuō wǒ mō le mō měi gè jiǎo dōu jiān jiān de
萌小贝说：“我摸了摸，每个角都尖尖的，

zhā shǒu tā de sān gè biān dōu shì zhí zhí de
扎手，它的三个边都是直直的。”

shān yáng lǎo shī diǎn dian tóu shuō huí dá de zhēn hǎo jiǎo
山羊老师点点头，说：“回答得真好！角

ne tā yóu yí gè jiān jiān de dǐng diǎn hé liǎng tiáo zhí zhí de biān zǔ
呢，它由一个尖尖的顶点和两条直直的边组

chéng diàn zǐ píng shang chū xiàn le yí gè jiǎo de tú xíng
成。”电子屏上出现了一个角的图形：

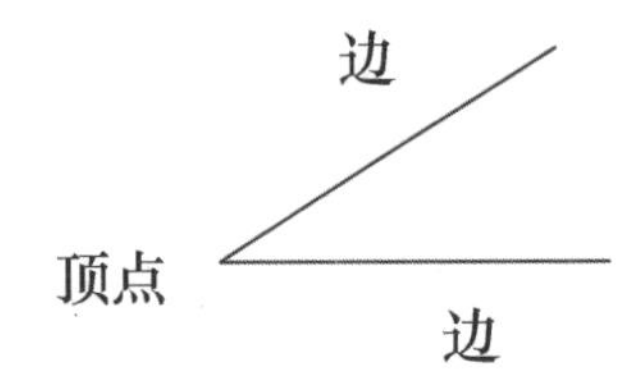

kù xiǎo bǎo hé méng xiǎo bèi diǎn dian tóu shān yáng lǎo shī shuō
酷小宝和萌小贝点点头。山羊老师说：

xià miàn nǐ men pàn duàn yí xià zhè sān gè jiǎo de dà xiǎo
“下面，你们判断一下这三个角的大小。”

diàn zǐ píng shang chū xiàn le sān gè bù tóng de jiǎo
电子屏上出现了三个不同的角：

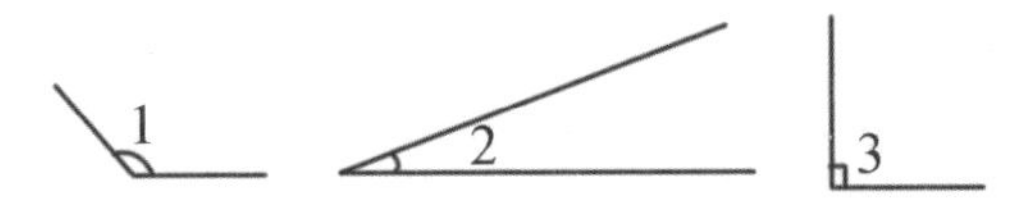

kù xiǎo bǎo kàn le yì yǎn xīn lǐ xiǎng hěn míng xiǎn jiǎo
酷小宝看了一眼，心里想：“很明显角2

dà ya dàn tā méi yǒu shuō chū kǒu tā yào xiān sī kǎo zài huí dá
大呀。”但他没有说出口，他要先思考，再回答。

méng xiǎo bèi shuō jiǎo zuì xiǎo suī rán tā de biān zuì cháng
萌小贝说：“角2最小。虽然它的边最长，

dàn liǎng tiáo biān zhāng kāi de chéng dù zuì xiǎo
但两条边张开的程度最小。”

shān yáng lǎo shī wēi xiào diǎn tóu shuō duì jiǎo de dà xiǎo yǔ
山羊老师微笑点头，说：“对！角的大小与

两条边的长短没有关系，与两条边叉开的大小有关系。”

酷小宝可不想输给萌小贝，他看看手里的三角尺，认真观察了三个角，指着三角尺说：“我知道了，角1比三角尺的这个角大，角2比它小，角3和它相等。所以，角1最大，角2最小。”

山羊老师朝酷小宝竖起大拇指，说：“对！你手里的三角尺上最大的那个角叫直角。比直角大的角叫钝角，角1比直角大，所以是钝角。比直角小的角叫锐角，角2比直角小，所以是锐角。”

酷小宝和萌小贝点点头，说：“谢谢山羊老师，我们记住了。”

智力大闯关

zhì lì dà chuǎng guān

kù xiǎo bǎo hé méng xiǎo bèi xiàng shān yáng lǎo shī dào xiè shān yáng lǎo shī shuō bú kè qi wǒ jiù gěi nǐ men jiǎng zhè me duō le jù tǐ zěn me líng huó yùn yòng jiù kàn nǐ men zì jǐ le

酷小宝和萌小贝向山羊老师道谢，山羊老师说："不客气！我就给你们讲这么多了，具体怎么灵活运用，就看你们自己了。"

shuō wán qiáng bì shang de diàn zǐ píng xiāo shī le kù xiǎo bǎo hé méng xiǎo bèi zhuǎn shēn yào chū shí wū fā xiàn shí wū jìng rán méi yǒu mén le

说完，墙壁上的电子屏消失了，酷小宝和萌小贝转身要出石屋，发现石屋竟然没有门了。

liǎng gè rén dōu xià huài le zhè shí shí wū zhōng yāng zhǎng chū yì zhāng shí zhuō shí zhuō shang yǒu kǎ zhǐ yǒu bǐ yǒu gè shēng yīn tí shì hái zi men wǒ xiāng xìn nǐ men néng tōng guò zì jǐ de néng lì chuǎng chū shí wū

两个人都吓坏了，这时，石屋中央长出一张石桌，石桌上有卡纸、有笔，有个声音提示："孩子们，我相信你们能通过自己的能力，闯出石屋。"

shì shān yáng lǎo shī kù xiǎo bǎo hé méng xiǎo bèi yì tīng shì

"是山羊老师！"酷小宝和萌小贝一听是

山羊老师的声音，立即齐声喊：“山羊老师！山羊老师！”

可是，没有人回答他们。酷小宝攥起拳头，说：“只能靠自己了！”

萌小贝也冷静下来，说：“嗯！我们不怕，在数学城里，有什么好怕的？”

“第一关，请在纸上画一个直角。”山羊老师的声音响起。

“直角？”酷小宝和萌小贝赶紧找三角尺，画直角需要用三角尺上的直角。

可是，三角尺早已经消失了。

没有三角尺，该怎么画直角呢？酷小宝和萌小贝各自思考着。

看到石桌上的两张白色卡纸，酷小宝有

了主意。他拿起一张卡纸，把卡纸上下对折，再左右对折，指着尖尖的折角说：“看！是不是一个标准的直角？”

萌小贝两眼放光，说：“真棒！我来画！”

萌小贝接过酷小宝用卡纸折的直角，很认真地在另一张卡纸上画了一个直角，还标出了直角符号。

萌小贝刚画完，就听到了山羊老师的夸奖：“太棒了！顺利进入第二关。把这些角送回属于自己的房子。”

石屋中央的石桌不见了，墙壁上又出现了电子屏，上面显示着下面的题：

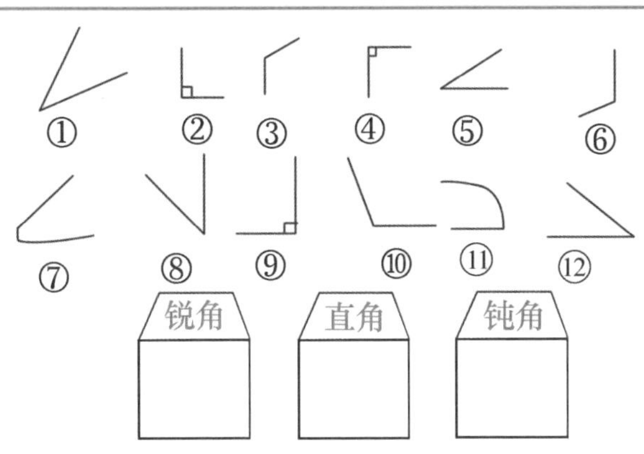

méng xiǎo bèi xiào xī xī de shuō zhè ge gèng jiǎn dān wǒ lái
萌小贝笑嘻嘻地说："这个更简单！我来

sòng ruì jiǎo méng xiǎo bèi yòng shǒu zhǐ diǎn zhù jiǎo wǎng xiě zhe
送锐角。"萌小贝用手指点住角①，往写着

ruì jiǎo de fáng zi li yì lā jiǎo jiù jìn dào le fáng zi li
"锐角"的房子里一拉，角①就进到了房子里。

kù xiǎo bǎo xiān sòng zhí jiǎo rán hòu liǎng gè rén yì qǐ sòng
酷小宝先送直角，然后两个人一起送

dùn jiǎo hěn kuài jiù bǎ suǒ yǒu de jiǎo sòng huí dào le shǔ yú zì
钝角，很快就把所有的角送回到了属于自

jǐ de fáng zi li
己的房子里。

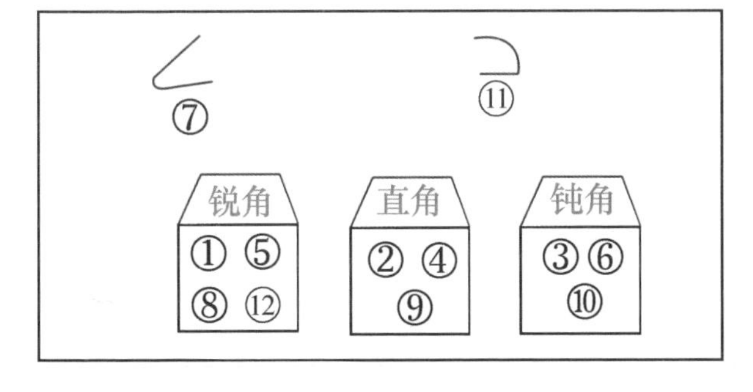

酷小宝和萌小贝完成后，⑦和⑪呜呜哭起来。酷小宝说：“真是不好意思，角的顶点应该是尖尖的，两边应该是直直的。可是，⑦，你的顶点呢？⑪，你的边是弯的。”

⑦和⑪听了酷小宝的话，都不哭了。

“你们真是两个细心的孩子！”山羊老师的声音响起，“请闯最后一关。”

数数看，下面一共有几个角？

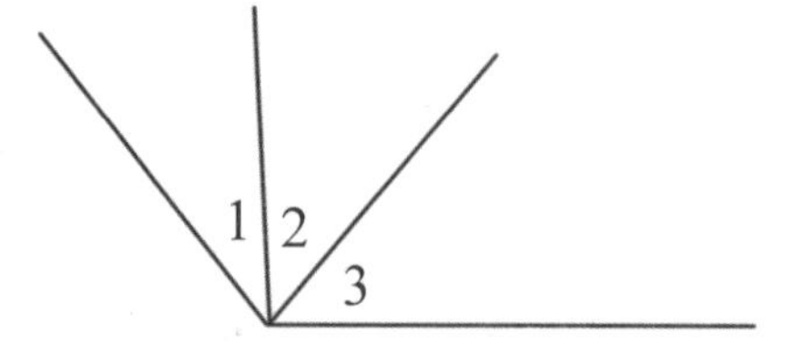

电子屏上出现了一道题：

酷小宝和萌小贝立即想到了数线段的题，他们飞速转动自己的小脑瓜，很快就有

le dá àn
了答案。

kù xiǎo bǎo shuō wǒ xiān shǔ dú lì de xiǎo jiǎo yǒu gè
酷小宝说：“我先数独立的小角，有3个，
rán hòu jiǎo hé jiǎo jiǎo hé jiǎo yòu zǔ chéng le liǎng gè jiào
然后角1和角2、角2和角3，又组成了两个较
dà de jiǎo jiǎo hé qi lai yòu zǔ chéng yí gè zuì dà de
大的角；角1、2、3合起来，又组成一个最大的
jiǎo suǒ yǐ yí gòng yǒu gè jiǎo
角，所以，一共有3+2+1=6(个)角。”

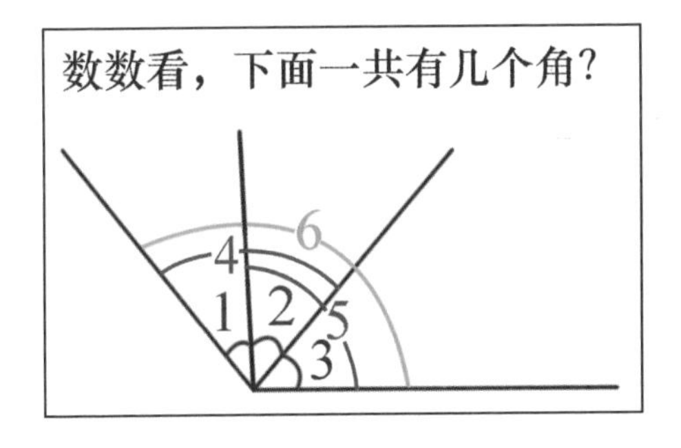

méng xiǎo bèi shuō wǒ gēn nǐ de dá àn yí yàng dàn fāng fǎ
萌小贝说：“我跟你的答案一样，但方法
bù tóng wǒ shì zhè yàng xiǎng de měi gè jiǎo dōu yóu yí gè dǐng diǎn hé
不同。我是这样想的：每个角都由一个顶点和
liǎng tiáo biān zǔ chéng zhè xiē jiǎo yǒu gòng tóng de dǐng diǎn biān fēn bié
两条边组成，这些角有共同的顶点。边1分别
yǔ biān biān biān zǔ chéng yí gè jiǎo hé biān zǔ chéng de
与边2、边3、边4组成一个角，和边1组成的
jiǎo yí gòng yǒu gè hé shǔ xiàn duàn yí yàng bù néng huí tóu shǔ
角一共有3个。和数线段一样，不能回头数，

nà me hé biān zǔ chéng de jiǎo yí gòng jiù yǒu gè hé biān zǔ
那么，和边2组成的角一共就有2个，和边3组

chéng de jiǎo yí gòng jiù yǒu gè suǒ yǐ yě shì yí gòng yǒu
成的角一共就有1个，所以，也是一共有3+

gè jiǎo
2+1=6(个)角。”

méng xiǎo bèi huà yīn gāng luò zhǐ tīng shí wū de mén zhī de
萌小贝话音刚落，只听石屋的门“吱”的

yì shēng dǎ kāi le
一声打开了。

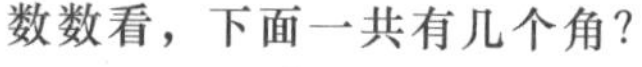

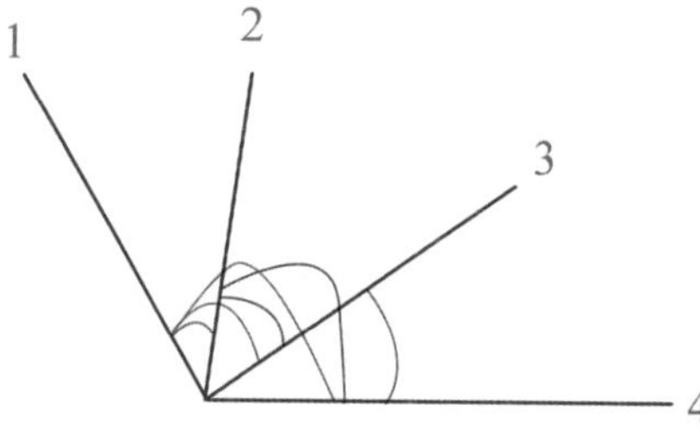

kù xiǎo bǎo hé méng xiǎo bèi zǒu chū shí wū mén jiàn huā huā mǎng
酷小宝和萌小贝走出石屋门，见花花蟒

zhèng xiào mī mī de kàn zhe tā men
正笑眯眯地看着他们。

huā huā mǎng wēn róu de shuō wǒ jiù zhī dào nǐ men shì zuì
花花蟒温柔地说：“我就知道你们是最

bàng de lái ba dài nǐ men qù shén qí de yīn yuè dòng
棒的！来吧，带你们去神奇的音乐洞。”

shén qí de yīn yuè dòng

神奇的音乐洞

kù xiǎo bǎo hé méng xiǎo bèi zài cì zuò shàng huā huā mǎng kuān kuān
酷小宝和萌小贝再次坐上花花蟒宽宽
de jǐ bèi huā huā mǎng dài tā men lái dào yí gè shí dòng qián kù xiǎo
的脊背，花花蟒带他们来到一个石洞前，酷小
bǎo hé méng xiǎo bèi cóng huā huā mǎng shēn shang huá xia lai
宝和萌小贝从花花蟒身上滑下来。

huā huā mǎng shuō péng you zhù nǐ men wán de kāi xīn xiǎo
花花蟒说：“朋友，祝你们玩得开心！小
xiān yuè hé xiǎo hú tu xiān huì zài mén wài děng zhe nǐ men wǒ yào zǒu
仙乐和小糊涂仙会在门外等着你们，我要走
le zài jiàn péng you men shuō wán jiù jí sù pá zǒu le
了。再见，朋友们！”说完就急速爬走了。

kù xiǎo bǎo hé méng xiǎo bèi fā xiàn shí mén jìng rán gēn shān shì yì
酷小宝和萌小贝发现石门竟然跟山是一
tǐ de gēn běn dǎ bu kāi
体的，根本打不开。

méng xiǎo bèi de shǒu chù le yí xià shí mén shí mén liàng guāng
萌小贝的手触了一下石门，石门亮光
yì shǎn chū xiàn le yí gè huá jī de xiǎo chǒu tóu xiàng xiǎo chǒu tóu
一闪，出现了一个滑稽的小丑头像。小丑头
xiàng dài zhe yì dǐng dà de chū qí de mó shù mào mào dǐng shang zhuāng
像戴着一顶大得出奇的魔术帽，帽顶上装

shì zhe kuā zhāng de shù zì hé yīn fú
饰着夸张的数字和音符。

xiǎo chǒu tóu xiàng kāi kǒu shuō huà le hāi nǐ men hǎo
小丑头像开口说话了：“嗨！你们好！”

shēng yīn tóng yàng huá jī ràng rén yì tīng jiù xiǎng xiào
声音同样滑稽，让人一听就想笑。

xiǎo chǒu tóu xiàng shuō shū rù zhèng què de mì mǎ jiù néng jìn rù tǐ yàn yīn yuè dòng de měi miào zhī lǚ
小丑头像说：“输入正确的密码，就能进入，体验音乐洞的美妙之旅。”

shuō wán xiǎo chǒu tóu xiàng xiāo shī le shí mén shang chū xiàn le wǔ gè tóng yàng dà xiǎo de zhèng fāng xíng
说完，小丑头像消失了，石门上出现了五个同样大小的正方形。

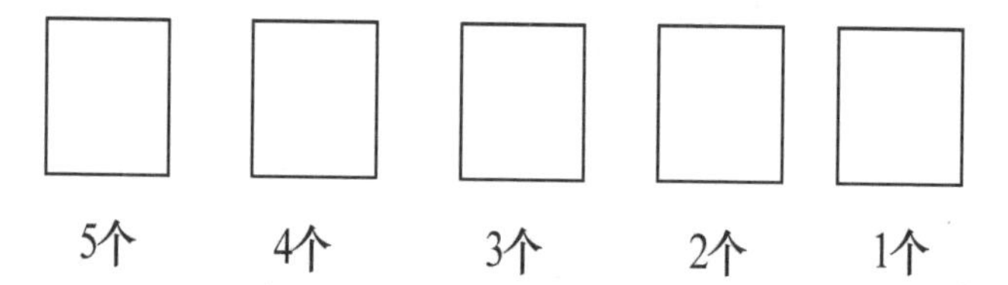

mì mǎ kù xiǎo bǎo hé méng xiǎo bèi yí huò bù jiě
“密码？”酷小宝和萌小贝疑惑不解。

xiǎo chǒu tóu xiàng de shēng yīn xiǎng qǐ duì yí gè zhèng fāng xíng yòng jiǎn dāo jiǎn yì dāo huì shèng xià jǐ gè jiǎo dòng dong zhōng zhǐ hé shí zhǐ zài zhèng fāng xíng shang yòng nǐ de shǒu zhǐ jiǎn yi jiǎn
小丑头像的声音响起：“对！一个正方形，用剪刀剪一刀，会剩下几个角？动动中指和食指，在正方形上用你的手指剪一剪

吧，让你剪过后的正方形剩下的角的个数与下面的数字相等！”

“手指？”酷小宝和萌小贝又不明白了。

萌小贝用食指和中指比成剪刀剪两下，竟然听到“咔嚓，咔嚓”的声音。

酷小宝和萌小贝惊喜地说：“哇！我们的手指可以做剪刀哇！”

萌小贝说：“女士优先！我来剪。”

“咔嚓！”萌小贝的手指在第一个正方形上一“剪”，神奇的事情发生了。石门上第一个正方形真的被萌小贝剪掉了一个角。

“咔嚓，咔嚓！”萌小贝正惊奇呢，听到两声“咔嚓”，酷小宝把第二个、第三个正方形给剪好了。

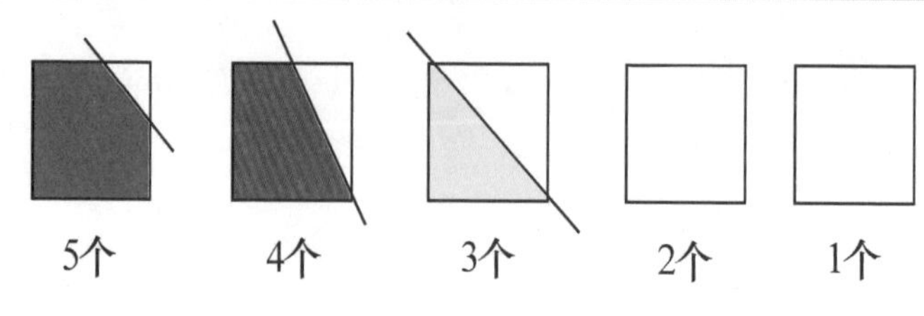

méng xiǎo bèi gǎn jǐn zhàn dào dì sì gè zhèng fāng xíng qián kù xiǎo bǎo zhàn zài zuì hòu yí gè zhèng fāng xíng qián liǎng gè rén dōu lèng zhù le tā men hái zhēn bù zhī dào gāi zěn me jiǎn le

萌小贝赶紧站到第四个正方形前，酷小宝站在最后一个正方形前，两个人都愣住了，他们还真不知道该怎么剪了。

méng xiǎo bèi xiǎng qǐ zài xiāng xia gēn nǎi nai yì qǐ jiǎn chuāng huā yǎn qián yí liàng shuō bù yí dìng fēi yào zhí zhe jiǎn na kě yǐ guǎi gè wān

萌小贝想起在乡下跟奶奶一起剪窗花，眼前一亮，说：“不一定非要直着剪哪，可以拐个弯！”

kù xiǎo bǎo tīng le méng xiǎo bèi de huà yě lì jí míng bai le shuō duì jiǎo de liǎng tiáo biān dōu shì zhí de yì wān qū jiù bù néng suàn jiǎo la

酷小宝听了萌小贝的话，也立即明白了，说：“对！角的两条边都是直的，一弯曲，就不能算角啦！”

kā chā

“咔嚓！”

kā chā

“咔嚓！”

kù xiǎo bǎo hé méng xiǎo bèi dōu jiǎn hǎo le hòu miàn liǎng gè zhèng
酷小宝和萌小贝都剪好了，后面两个正

fāng xíng liàng guāng yì shǎn biàn yàng le
方形亮光一闪，变样了。

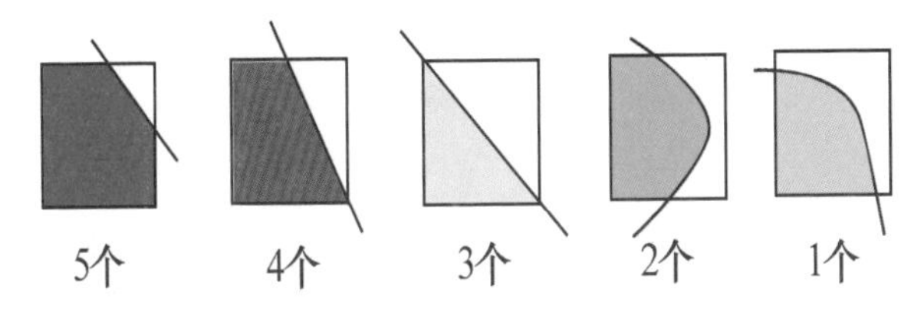

shí mén gā zhī yì shēng dǎ kāi le lǐ miàn fā chū yào yǎn de
石门嘎吱一声打开了，里面发出耀眼的

guāng máng kù xiǎo bǎo hé méng xiǎo bèi zǒu jin qu měi zǒu yí bù
光芒。酷小宝和萌小贝走进去，每走一步，

jiǎo xià jiù fā chū yōu měi dòng tīng de yīn fú dòng nèi shí bì shang gè
脚下就发出优美动听的音符。洞内石壁上各

zhǒng yán sè de bǎo shí shǎn shǎn fā guāng duō de xiàng tiān shàng de xīng
种颜色的宝石闪闪发光，多得像天上的星

xing yí yàng kù xiǎo bǎo hé méng xiǎo bèi jīng xǐ de zài dòng nèi pǎo lái
星一样。酷小宝和萌小贝惊喜地在洞内跑来

pǎo qù jiǎo xià de yīn yuè ràng rén gǎn jué qīng sōng ér huān kuài
跑去，脚下的音乐让人感觉轻松而欢快。

méng xiǎo bèi mō mo shí bì shang yì kē kē cuǐ càn de bǎo shí
萌小贝摸摸石壁上一颗颗璀璨的宝石，

shuō zhēn piào liang rú guǒ bǎ zhè xiē bǎo shí xiāng qiàn zài gōng zhǔ qún
说："真漂亮！如果把这些宝石镶嵌在公主裙

shang zài pèi shàng xiāng zhe bǎo shí de huáng guān
上，再配上镶着宝石的皇冠……"

tū rán shí bì shang chū xiàn le yí gè xiǎn shì píng shàng miàn
突然，石壁上出现了一个显示屏，上面
shì sì gè tóng yàng de sān jiǎo xíng
是四个同样的三角形：

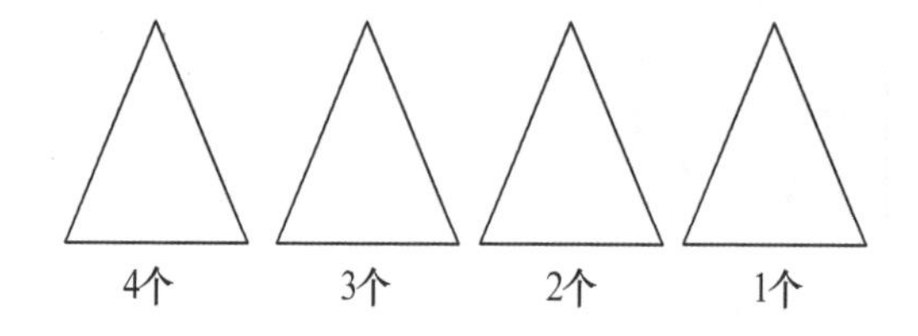

kù xiǎo bǎo hé méng xiǎo bèi yí huò de kàn zhe shí bì shang de sān
酷小宝和萌小贝疑惑地看着石壁上的三
jiǎo xíng bù zhī dào xià miàn huì fā shēng shén me shì qing tū rán xiǎo
角形，不知道下面会发生什么事情。突然小
chǒu tóu xiàng de shēng yīn xiǎng qǐ zài měi gè sān jiǎo xíng shang jiǎn yí
丑头像的声音响起："在每个三角形上剪一
xià shǐ jiǎn guo hòu de sān jiǎo xíng shèng xià de jiǎo de gè shù yǔ xià
下，使剪过后的三角形剩下的角的个数与下
miàn de shù zì xiāng děng jiù néng shí xiàn nǐ de yuàn wàng le
面的数字相等，就能实现你的愿望了。"

kù xiǎo bǎo hé méng xiǎo bèi zhēn kāi xīn na shuō zhè hái bù
酷小宝和萌小贝真开心哪，说："这还不
jiǎn dān gēn gāng cái de zhèng fāng xíng shì yí yàng de rán hòu tā
简单，跟刚才的正方形是一样的！"然后，他
liǎ kā chā jǐ xià jiù bǎ sì gè sān jiǎo xíng quán jiǎn hǎo le
俩"咔嚓"几下，就把四个三角形全剪好了。

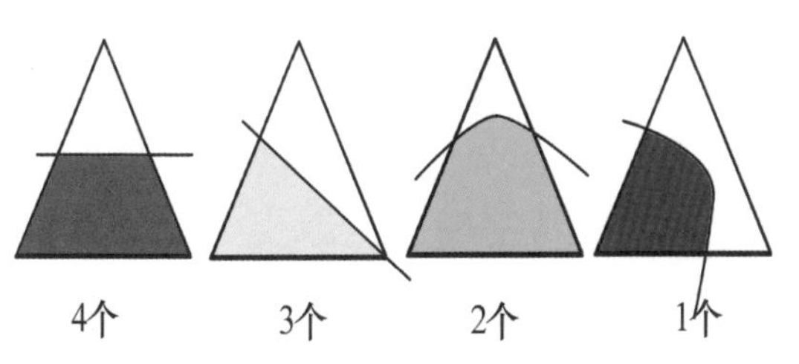

kù xiǎo bǎo méng xiǎo bèi gāng gāng tíng shǒu hóng sè hé huáng
酷小宝、萌小贝刚刚停手，红色和黄
sè de tú xíng biàn chéng liǎng tiáo cǎi sè de sī dài cóng shí bì shang
色的图形变成两条彩色的丝带，从石壁上
fēi chu lai zài kōng zhōng fēi wǔ chán rào biàn chéng le yí gè hóng
飞出来，在空中飞舞、缠绕，变成了一个红
huáng xiāng jiàn de xiǎo cǎi qiú xiǎo cǎi qiú yì shǎn méng xiǎo bèi jīng xǐ
黄相间的小彩球，小彩球一闪，萌小贝惊喜
de fā xiàn zì jǐ shēn shang chuān zhe zhuì mǎn bǎo shí de gōng zhǔ qún
地发现，自己身上穿着缀满宝石的公主裙，
jiǎo shang shì yì shuāng shuǐ jīng xié tóu shang dài zhe xiāng zhe bǎo shí de
脚上是一双水晶鞋，头上戴着镶着宝石的
huáng guān
皇冠。

kù xiǎo bǎo shuō méng xiǎo bèi nǐ gāng gāng shuō de huà shí
酷小宝说：“萌小贝，你刚刚说的话实
xiàn le nà me wǒ yào chéng wéi yí gè jiāng jūn
现了！那么，我要成为一个将军。”

kù xiǎo bǎo de huà gāng shuō wán lǜ sè hé lán sè de tú xíng
酷小宝的话刚说完，绿色和蓝色的图形
biàn chéng liǎng tiáo cǎi sè de sī dài cóng shí bì shang fēi chu lai zài
变成两条彩色的丝带，从石壁上飞出来，在

kōng zhōng fēi wǔ chán rào biàn chéng le yí gè lán lǜ xiāng jiàn de xiǎo
空中飞舞、缠绕，变成了一个蓝绿相间的小
cǎi qiú xiǎo cǎi qiú yì shǎn kù xiǎo bǎo biàn chéng le shǒu chí xiāng qiàn
彩球。小彩球一闪，酷小宝变成了手持镶嵌
zhe bǎo shí de bǎo jiàn shēn chuān bǎo shí kǎi jiǎ de jiāng jūn
着宝石的宝剑、身穿宝石铠甲的将军。

jiāng jūn kù xiǎo bǎo hé gōng zhǔ méng xiǎo bèi zài yīn yuè dòng li
将军酷小宝和公主萌小贝在音乐洞里
pǎo wa tiào wa zhōng yú lèi le xiǎng lí kāi le
跑哇，跳哇，终于累了，想离开了。

kù xiǎo bǎo shuō rú guǒ zhè xiē bǎo shí néng dài zǒu wǒ men
酷小宝说：“如果这些宝石能带走，我们
huí qù kě jiù chéng fù rén le
回去可就成富人了。”

méng xiǎo bèi shuō kù xiǎo bǎo wǒ jué de jiù suàn chéng tiān
萌小贝说：“酷小宝，我觉得，就算成天
shǒu zhe zhè xiē bǎo shí néng yǒu shén me yì si mā ma cháng cháng
守着这些宝石，能有什么意思？妈妈常常
shuō fù rén yǒu fù rén de fán nǎo qióng rén yǒu qióng rén de kuài lè
说，富人有富人的烦恼，穷人有穷人的快乐。
tā hái shuō yīn wèi yǒu le wǒ men tā jué de zì jǐ shì shì jiè shang
她还说，因为有了我们，她觉得自己是世界上
zuì xìng fú de rén ne
最幸福的人呢！”

kù xiǎo bǎo shuō ǹg wǒ jué de mā ma shuō de duì zhè
酷小宝说：“嗯！我觉得妈妈说得对。这
xiē lěng bīng bīng de bǎo shí hái bù rú wài miàn de xiǎo huā xiǎo cǎo kě
些冷冰冰的宝石，还不如外面的小花小草可

ài ne
爱呢！”

kù xiǎo bǎo hé méng xiǎo bèi huī fù dào le zì jǐ yuán lái de mú
酷小宝和萌小贝恢复到了自己原来的模
yàng tā men háo bù yóu yù de zǒu chū le yīn yuè dòng
样，他们毫不犹豫地走出了音乐洞。

yīn yuè dòng de shí mén zài cì guān bì shí mén shang de xiǎo chǒu
音乐洞的石门再次关闭，石门上的小丑
tóu xiàng xiào mī mī de chū xiàn le xiǎo chǒu tóu xiàng shuō gōng xǐ
头像笑眯眯地出现了，小丑头像说：“恭喜
nǐ men ān quán lí kāi
你们安全离开！”

kù xiǎo bǎo hé méng xiǎo bèi duì xiǎo chǒu tóu xiàng de huà mí huò
酷小宝和萌小贝对小丑头像的话迷惑
bù jiě
不解。

xiǎo chǒu tóu xiàng wēi xiào zhe shuō yīn wèi tān lán de rén shì
小丑头像微笑着说：“因为，贪婪的人是
zǒu bu chū shí mén de
走不出石门的。”

kù xiǎo bǎo hé méng xiǎo bèi mào chū yì shēn lěng hàn rú guǒ tā
酷小宝和萌小贝冒出一身冷汗：如果他
men xuǎn zé dài zǒu jǐ kē bǎo shí zài zǒu chū dòng mén zhī qián dòng
们选择带走几颗宝石，在走出洞门之前，洞
mén jiù huì guān bì tā men jiāng yǒng yuǎn dāi zài zhè lǐ nà jiāng shì
门就会关闭，他们将永远待在这里。那将是
yí jiàn duō me kě pà de shì qing
一件多么可怕的事情！

liù zhī mǎ yǐ jǐ zhī xié

六只蚂蚁几只鞋？

hāi nǐ men liǎ wán de kāi xīn ma kù xiǎo bǎo hé méng xiǎo
“嗨！你们俩玩得开心吗？”酷小宝和萌小
bèi zǒu chū yīn yuè dòng zhèng xún sī gāi wǎng nǎ lǐ qù shí xiǎo xiān
贝走出音乐洞，正寻思该往哪里去时，小仙
nǚ chū xiàn le
女出现了。

zài cì jiàn dào nǐ zhēn shì tài kāi xīn le kù xiǎo bǎo hé
“再次见到你真是太开心了！”酷小宝和
méng xiǎo bèi yì kǒu tóng shēng de huí dá rú guǒ wǒ men tān xīn yì
萌小贝异口同声地回答，“如果我们贪心一
diǎnr huò xǔ jiù chū bu lái le
点儿，或许就出不来了。”

xiǎo xiān nǚ wēi xiào zhe shuō wǒ zhī dào nǐ men liǎ yí dìng huì
小仙女微笑着说：“我知道你们俩一定会
wán de kāi xīn yí dìng néng píng ān chū lái wǒ liǎo jiě nǐ men zhī
玩得开心，一定能平安出来。我了解你们，知
dào nǐ men shì fēi cháng cōng míng ài dòng nǎo jīn bù tān cái yòu
道你们是非常聪明，爱动脑筋，不贪财，又
shàn liáng de rén suǒ yǐ cái ràng huā huā mǎng dài nǐ men lái zhè lǐ
善良的人，所以才让花花蟒带你们来这里。”

xiè xie nǐ xiǎo xiān yuè xiè xie nǐ zhè me xìn rèn wǒ men
“谢谢你，小仙乐，谢谢你这么信任我们。”

kù xiǎo bǎo hé méng xiǎo bèi chéng xīn gǎn xiè xiǎo xiān nǚ
酷小宝和萌小贝诚心感谢小仙女。

xiǎo xiān nǚ de shēn tǐ fā chū róu hé de guāng yòu zhǎng gāo le
小仙女的身体发出柔和的光，又长高了

lí mǐ tā gē gē xiào zhe dǎ le gè fēi xuán xīng xing mó fǎ bàng
2厘米。她咯咯笑着，打了个飞旋，星星魔法棒

shǎn zhe jīng jīng liàng de guāng bān
闪着晶晶亮的光斑。

kù xiǎo bǎo wèn xiǎo xiān yuè jiē xià lái nǐ huì dài wǒ men qù
酷小宝问："小仙乐，接下来你会带我们去

nǎ lǐ wán ne
哪里玩呢？"

méng xiǎo bèi xiǎng qǐ xiǎo hú tu xiān wèn xiǎo hú tu xiān qù
萌小贝想起小糊涂仙，问："小糊涂仙去

nǎ lǐ le
哪里了？"

xiǎo xiān nǚ bàn gè guǐ liǎn shuō hē hē kù xiǎo bǎo yí dìng
小仙女扮个鬼脸，说："呵呵，酷小宝一定

bù xiǎng xiǎo hú tu xiān
不想小糊涂仙。"

kù xiǎo bǎo diǎn dian tóu shuō nà ge dǎo dàn guǐ wǒ xiǎng lí
酷小宝点点头说："那个捣蛋鬼，我想离

tā yuǎn yuǎn de
他远远的！"

xiǎo xiān nǚ yòu xiào le hā hā tā zàn shí bù lái dǎo dàn
小仙女又笑了："哈哈，他暂时不来捣蛋

le zán men xiān qù mǎ yǐ dà shěn jiā rán hòu wǒ dài nǐ men qù yí
了。咱们先去蚂蚁大婶家，然后我带你们去一

个好玩的地方。”

小仙女说着挥动魔法棒和金钥匙，三个人就站在了一个石洞前。

蚂蚁大婶正巧站在石洞前，见到小仙女，非常热情地把他们请进洞内。

小仙女微笑着跟蚂蚁大婶打招呼，问：“孩子们都没在家吗？”

mǎ yǐ dà shěn xiào zhe shuō ò hé bà ba yì qǐ cǎi xiān
蚂蚁大婶笑着说：“哦，和爸爸一起采鲜

huā qù le
花去了。”

mǎ yǐ dà shěn gěi kù xiǎo bǎo hé méng xiǎo bèi duān chū yì xiē gāo
蚂蚁大婶给酷小宝和萌小贝端出一些糕

diǎn hé yǐn liào wēi xiào de shuō zhè xiē dōu shì wǒ qīn zì zuò de huā
点和饮料，微笑地说：“这些都是我亲自做的花

gāo hé huā chá qǐng nǐ men lái pǐn cháng yí xià wǒ de shǒu yì
糕和花茶，请你们来品尝一下我的手艺。”

kù xiǎo bǎo hé méng xiǎo bèi xiè guò mǎ yǐ dà shěn ná qǐ huā
酷小宝和萌小贝谢过蚂蚁大婶，拿起花

gāo yǎo yì kǒu zhēn shì tài měi wèi la mǎn zuǐ qīng xiāng tián ér bú
糕咬一口，真是太美味啦，满嘴清香，甜而不

nì zài hē yì kǒu huā chá tóng yàng shì hǎo hē de bù dé liǎo liǎng
腻；再喝一口花茶，同样是好喝得不得了。两

gè rén shùn jiān bǎ suǒ yǒu de huā gāo huā chá yì sǎo ér guāng
个人瞬间把所有的花糕、花茶一扫而光。

kù xiǎo bǎo hé méng xiǎo bèi chī wán hòu mǎ yǐ dà shěn fēn bié
酷小宝和萌小贝吃完后，蚂蚁大婶分别

dì gěi liǎng gè rén yí kuài shǒu pà shǒu pà shang xiù zhe jǐ duǒ qīng xīn
递给两个人一块手帕，手帕上绣着几朵清新

de xiǎo huā kù xiǎo bǎo hé méng xiǎo bèi bù hǎo yì si de jiē guo lai
的小花。酷小宝和萌小贝不好意思地接过来，

cā ca zuǐ shǒu pà sàn fā chū dàn dàn de huā xiāng fēi cháng hǎo wén
擦擦嘴，手帕散发出淡淡的花香，非常好闻。

kù xiǎo bǎo hé méng xiǎo bèi bù hǎo yì si de hē hē xiào zhe
酷小宝和萌小贝不好意思地呵呵笑着

shuō hē hē mǎ yǐ dà shěn de huā gāo hé huā chá zhēn shì tài bàng
说："呵呵，蚂蚁大婶的花糕和花茶真是太棒
le wǒ men jìng rán yì kǒu qì gěi chī wán le
了，我们竟然一口气给吃完了。"

mǎ yǐ dà shěn wēi xiào zhe shuō nǐ men zhè yàng xǐ huan wǒ
蚂蚁大婶微笑着说："你们这样喜欢，我
zhēn shì tài gāo xìng le
真是太高兴了。"

kù xiǎo bǎo wèn mǎ yǐ dà shěn yǒu shén me xū yào wǒ men
酷小宝问："蚂蚁大婶，有什么需要我们
bāng máng de nín jǐn guǎn shuō
帮忙的，您尽管说。"

méng xiǎo bèi xīn lǐ àn àn fā xiào xiǎng hē hē chī rén jiā
萌小贝心里暗暗发笑，想：呵呵，吃人家
de zuǐ duǎn zhēn shì yìng le mā ma cháng shuō de nà jù huà
的嘴短。真是应了妈妈常说的那句话。

mǎ yǐ dà shěn zài cì wēi xiào shuō ò shì zhè yàng de
蚂蚁大婶再次微笑，说："哦，是这样的，
wǒ xū yào nǐ men gěi wǒ de hái zi men dài xiē yún duǒ xié huí lái
我需要你们给我的孩子们带些云朵鞋回来。"

yún duǒ xié méng xiǎo bèi jīng qí de wèn yún duǒ zuò de
"云朵鞋？"萌小贝惊奇地问，"云朵做的
xié ma
鞋吗？"

mǎ yǐ dà shěn diǎn dian tóu shuō shì ya shuō zhe dì gěi
蚂蚁大婶点点头，说："是呀。"说着，递给
méng xiǎo bèi yì zhāng zhǐ zhǐ shang fēn bié xiě zhe mǎ yǐ bǎo bao men
萌小贝一张纸，纸上分别写着蚂蚁宝宝们

de xié mǎ
的鞋码。

méng xiǎo bèi kàn le yì yǎn jīng yà de jiào dào ǎ zhè
萌小贝看了一眼，惊讶地叫道：“啊！这

me duō
么多？”

mǎ yǐ dà shěn wēi xiào zhe shuō shì ya wǒ yǒu gè hái
蚂蚁大婶微笑着说：“是呀。我有6个孩

zi měi gè hái zi xū yào zhī xié
子，每个孩子需要6只鞋。”

kù xiǎo bǎo gǎn jǐn máng zhe jì suàn shuō měi gè hái zi
酷小宝赶紧忙着计算，说：“每个孩子

zhī gè hái zǐ děi gè zhī děng
6只，6个孩子得6个6只，6+6+6+6+6+6等

yú děng yú
于……等于……”

méng xiǎo bèi méi děng kù xiǎo bǎo suàn chu lai shuō kù
萌小贝没等酷小宝算出来，说：“酷

xiǎo bǎo nǐ zěn me wàng le qián jǐ tiān zán men bèi de chéng fǎ
小宝，你怎么忘了前几天咱们背的乘法

kǒu jué le
口诀了？”

kù xiǎo bǎo jīng méng xiǎo bèi yì tí xǐng mǎ shàng yǒu le dá
酷小宝经萌小贝一提醒，马上有了答

àn ò wǒ wàng le qiú jǐ gè xiāng tóng jiā shù de hé kě yǐ
案：“哦，我忘了，求几个相同加数的和，可以

yòng chéng fǎ chéng fǎ shì jiā fǎ de jiǎn biàn yùn suàn liù liù sān shí
用乘法，乘法是加法的简便运算。六六三十

六，一共需要36只鞋。”

蚂蚁大婶朝酷小宝竖起大拇指，说：“数学真厉害！”

酷小宝谦虚地说：“您过奖了。”

萌小贝不解地问：“可是，我们从哪里给您捎云朵鞋呢？”

一直沉默的小仙女微笑着说：“这个你们不用担心。”

蚂蚁大婶感激地说：“真是太感谢你们了。”

小仙女连说：“蚂蚁大婶，您太客气了。我们也需要您的帮助呢，助人等于助己嘛！”

石头城里拍个照

告别了蚂蚁大婶，小仙女挥挥魔法棒和金钥匙，三人到了一座石头城。

萌小贝看着石头城，疑惑不解地看看天空，天空碧蓝，不见一朵云，问：“小仙乐，我们不是要帮蚂蚁大婶带云朵鞋吗？这石头城里一朵云都没有，哪里会有云朵鞋呢？”

小仙女微笑着说：“不用心急，会有的！”

酷小宝倒是非常喜欢石头城，他跑来跑去，摸摸石头大狮子，抱抱石头小兔子，搂搂石头大树，爬到石头跑车上转转方向盘……

其实萌小贝也很喜欢这里，石头房子、石

头亭子，石头铺的弯弯曲曲的小路，石头做的小凳子、小桌子，石头雕的花草……

每一块石头物品都光溜溜的，被一圈儿光环笼罩着。一切都那么美，却让人感到冷冰冰的，总感觉这里缺点儿什么。

小仙女沿着石头小路向前飞，招呼酷小宝和萌小贝跟着。

“我们这是要去哪里？”萌小贝问。

“一会儿就知道了，小糊涂仙在前面等着咱们呢！”小仙女说，“加油，伙伴们！”

“小糊涂仙？”酷小宝有点儿不开心，说，“不会吧？我可是一点儿都不想见到他了。”

小仙女笑着说：“没有他的话，我们三个人是完成不了任务的。他虽然顽皮了点儿，心

dì hái shi shàn liáng de
地还是善良的。”

hǎo ba kù xiǎo bǎo xīn qíng dī luò de shuō zhǐ néng zhè
“好吧。”酷小宝心情低落地说，“只能这
yàng xiǎng le
样想了。”

tā men zǒu dào xiǎo lù jìn tóu guò le yí zuò shí tou xiǎo
他们走到小路尽头，过了一座石头小
qiáo shí tou xiǎo qiáo xià de shuǐ yě shì yòng shí tou diāo kè de yòu
桥，石头小桥下的水也是用石头雕刻的，又
chuān guò yí piàn shí tou shù shù lín zhōng yú dào le yí zuò shí tou
穿过一片石头树树林，终于到了一座石头
diāo xiàng qián
雕像前。

hāi péng you men nǐ men hǎo xiǎo hú tu xiān cóng shí tou
“嗨！朋友们，你们好！”小糊涂仙从石头
diāo xiàng hòu fēi chu lai cháo dà jiā dǎ zhāo hu
雕像后飞出来，朝大家打招呼。

xiǎo xiān nǚ hé méng xiǎo bèi rè qíng de zhāo hu xiǎo hú tu xiān
小仙女和萌小贝热情地招呼小糊涂仙：
nǐ hǎo xiǎo hú tu xiān zài zhè lǐ děng hěn jiǔ le ba
“你好！小糊涂仙！在这里等很久了吧？”

xiǎo hú tu xiān cháo chén mò de kù xiǎo bǎo bàn gè guǐ liǎn wēi
小糊涂仙朝沉默的酷小宝扮个鬼脸，微
xiào de duì méng xiǎo bèi hé xiǎo xiān nǚ shuō shì ya nǐ men bù lái
笑地对萌小贝和小仙女说：“是呀！你们不来，
wǒ dōu wú liáo tòu le
我都无聊透了！”

xiǎo hú tu xiān yòu zhuǎn xiàng kù xiǎo bǎo shuō hái yǒu wǒ
小糊涂仙又转向酷小宝，说："还有，我

tè bié tè bié xiǎng niàn de péng you kù xiǎo bǎo
特别特别想念的朋友——酷小宝！"

kù xiǎo bǎo shuō nǐ bú zài dǎo dàn de huà wǒ cái huì xǐ
酷小宝说："你不再捣蛋的话，我才会喜

huan nǐ
欢你。"

xiǎo xiān nǚ shuō hǎo le nǐ men bié pín zuǐ le zán men bàn
小仙女说："好了，你们别贫嘴了。咱们办

zhèng shìr
正事儿！"

rán hòu kù xiǎo bǎo méng xiǎo bèi xiǎo hú tu xiān xiǎo xiān nǚ
然后，酷小宝、萌小贝、小糊涂仙、小仙女

fēn bié zhàn zài shí tou diāo xiàng qián hòu zuǒ yòu sì gè fāng xiàng
分别站在石头雕像前、后、左、右四个方向。

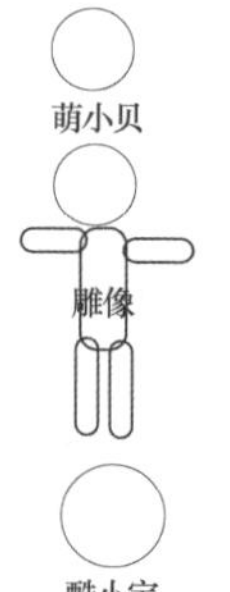

kù xiǎo bǎo wèn wǒ men yào zuò shén me
酷小宝问："我们要做什么？"

xiǎo xiān nǚ shuō pāi zhào
小仙女说："拍照！"

méng xiǎo bèi bù jiě de wèn wǒ men dōu méi dài xiàng jī pāi
萌小贝不解地问："我们都没带相机，拍

shén me zhào wa
什么照哇？"

xiǎo hú tu xiān shuō yòng nǐ de shǒu bǐ gè xiàng kuàng duì
小糊涂仙说："用你的手，比个相框，对

zhe shí xiàng jiù kě yǐ la
着石像，就可以啦！"

kù xiǎo bǎo yòng liǎng zhī shǒu bǐ le gè cháng fāng xíng kuàng hā
酷小宝用两只手比了个长方形框，哈

hā xiào zhe shuō hā hā shǒu néng dāng xiàng jī de huà
哈笑着说："哈哈，手能当相机的话……"

kù xiǎo bǎo de huà hái méi shuō wán zhǐ tīng jiàn kā chā yí
酷小宝的话还没说完，只听见"咔嚓！"一

xià kuài mén shēng xià le kù xiǎo bǎo yí tiào
下快门声，吓了酷小宝一跳。

jiē zhe yòu sān shēng kā chā xiǎng hòu xiǎo xiān nǚ shuō hǎo
接着又三声"咔嚓"响后，小仙女说："好

le huǒ bàn men wǒ men qù qǔ zhào piàn
了，伙伴们！我们去取照片。"

dà jiā suí xiǎo xiān nǚ zǒu jìn yí zuò shí tou xiǎo wū kàn dào shí
大家随小仙女走进一座石头小屋，看到石

tou qiáng shang jìng rán shì tā men sì gè rén gāng gāng zhàn zài diāo xiàng
头墙上竟然是他们四个人刚刚站在雕像

qián de zhào piàn
前的照片。

shí tou qì de qián tái shang yǒu sì zhāng diāo xiàng de zhào
石头砌的前台上，有四张雕像的照

piàn xiǎo xiān nǚ shuō zhè diāo xiàng shì shí tou chéng chéng zhǔ biàn
片。小仙女说："这雕像是石头城城主变

de zhè jiù shì gāng gāng zán men sì gè gěi tā pāi de zhào piàn
的。这就是刚刚咱们四个给他拍的照片。"

kù xiǎo bǎo shuō wǒ zhàn zài diāo xiàng qián miàn suǒ yǐ zhè
酷小宝说："我站在雕像前面，所以，这

zhāng zhèng liǎn de zhào piàn shì wǒ pāi de
张正脸的照片是我拍的。"

méng xiǎo bèi shuō wǒ zhàn zài diāo xiàng hòu miàn suǒ yǐ pāi
萌小贝说："我站在雕像后面，所以，拍

dào de shì diāo xiàng de hòu nǎo sháo
到的是雕像的后脑勺。"

xiǎo hú tu xiān wèn shèng xià de zhè liǎng zhāng kàn qi lai chà
小糊涂仙问："剩下的这两张看起来差

bu duō nǐ men liǎ kàn kan nǎ zhāng shì wǒ pāi de ne
不多。你们俩看看，哪张是我拍的呢？"

kù xiǎo bǎo xiǎng le xiǎng shuō nǐ zhàn zài diāo xiàng de zuǒ
酷小宝想了想说："你站在雕像的左

bian suǒ yǐ miàn cháo zuǒ de zhào piàn shì nǐ pāi de
边，所以，面朝左的照片是你拍的。"

xiǎo xiān nǚ shuō nǐ men dōu lǐng wán le shèng xià yì zhāng jiù
小仙女说："你们都领完了，剩下一张就

shì wǒ pāi de le
是我拍的了。"

méng xiǎo bèi shuō xiǎo xiān yuè nǐ zhàn zài diāo xiàng yòu bian
萌小贝说："小仙乐，你站在雕像右边，

suǒ yǐ pāi dào de shì diāo xiàng miàn cháo yòu de zhào piàn
所以拍到的是雕像面朝右的照片。"

他们拿着各自拍的照片，来到雕像前，双手托举着照片，照片慢慢飘了起来，最后贴在了雕像身上。

雕像动了几下，慢慢有了变化，最后，竟然变成了一个活生生的人。

“谢谢你们！亲爱的朋友们！”雕像走过来，“我是这座城的城主，谢谢你们让石头城恢复生机。”

城主走到一棵石头树前，摸摸石头树，石头树变成了绿茵茵的真树。

酷小宝和萌小贝惊讶地张大了嘴巴。

城主走到小仙女跟前，递给她一块七彩的小石头，说：“谢谢你！数学公主！”

小仙女微笑着说：“不客气！大家互相帮

máng　zhù rén děng yú zhù jǐ
忙，助人等于助己！”

彩云城里的云彩车

cǎi yún chéng li de yún cai chē

shí tou chéng chéng zhǔ bǎ kù xiǎo bǎo sì gè rén sòng dào shí tou chéng wài, tā men zǒu guò de dì fang, xiān huā diǎn diǎn, lǜ cǎo róng róng; zǒu guò shí tou xiǎo qiáo, qiáo xià liú shuǐ cóng cóng; fǔ mō guo de xiǎo dòng wù men, huó bèng luàn tiào…… yí qiè dōu biàn de shēng jī bó bó。

石头城城主把酷小宝四个人送到石头城外，他们走过的地方，鲜花点点，绿草茸茸；走过石头小桥，桥下流水淙淙；抚摸过的小动物们，活蹦乱跳…… 一切都变得生机勃勃。

dà jiā gào bié le shí tou chéng chéng zhǔ, xiǎo xiān nǚ bǎ shí tou chéng chéng zhǔ sòng gěi tā de xiǎo shí tou dì gěi kù xiǎo bǎo。

大家告别了石头城城主，小仙女把石头城城主送给她的小石头递给酷小宝。

kù xiǎo bǎo kàn le kàn, xiǎo shí tou shì yún duǒ xíng zhuàng de qī cǎi shí, shàng miàn xiě zhe jǐ gè fēi cháng xiǎo de zì: chuī wǒ yí xià。

酷小宝看了看，小石头是云朵形状的七彩石，上面写着几个非常小的字：吹我一下。

kù xiǎo bǎo duì zhe qī cǎi shí yì chuī, qī cǎi shí shùn jiān biàn dà, biàn chéng le yì duǒ dà dà de qī cǎi yún。

酷小宝对着七彩石一吹，七彩石瞬间变大，变成了一朵大大的七彩云。

méng xiǎo bèi jīng xǐ de shuō　wā　hǎo piào liang de qī
萌小贝惊喜地说："哇！好漂亮的七
cǎi yún
彩云！"

xiǎo xiān nǚ cháo kù xiǎo bǎo hé méng xiǎo bèi huī yí xià mó fǎ
小仙女朝酷小宝和萌小贝挥一下魔法
bàng　kù xiǎo bǎo hé méng xiǎo bèi zhàn dào le qī cǎi yún shang
棒，酷小宝和萌小贝站到了七彩云上。

xiǎo xiān nǚ hé xiǎo hú tu xiān yě fēi shàng qī cǎi yún　shuō
小仙女和小糊涂仙也飞上七彩云，说：

zǒu luo　wǒ men yào qù cǎi yún chéng le
"走啰，我们要去彩云城了。"

kù xiǎo bǎo hé méng xiǎo bèi kāi xīn de zài qī cǎi yún shang bèng
酷小宝和萌小贝开心地在七彩云上蹦
bèng tiào tiào　hā hā　tán lì xiàng bèng chuáng yí yàng
蹦跳跳，哈哈，弹力像蹦床一样。

bèng lèi le　tā men tǎng zài qī cǎi yún shang shuì jiào　jiù
蹦累了，他们躺在七彩云上睡觉，就
xiàng tǎng zài róu ruǎn de dà chuáng shang
像躺在柔软的大床上。

zuì hòu　qī cǎi yún zhōng yú tíng le xià lái　xiǎo hú tu xiān
最后，七彩云终于停了下来。小糊涂仙
shuō　cǎi yún chéng dào le
说："彩云城到了。"

dà jiā cóng qī cǎi yún shang huá xia lai　kù xiǎo bǎo hé méng
大家从七彩云上滑下来。酷小宝和萌
xiǎo bèi zuǒ gù yòu pàn　guài bu de jiào　cǎi yún chéng　chù chù yún
小贝左顾右盼：怪不得叫"彩云城"，处处云

wù liáo rào gè zhǒng shì wù dōu shì yún duǒ zào xíng de
雾缭绕，各种事物都是云朵造型的。

yí liàng liàng yún cai chē cóng miàn qián fēi guò kù xiǎo bǎo hé méng xiǎo bèi fēi cháng xiǎng zuò zuo yún cai chē xiǎo xiān nǚ shuō nǐ men xiǎng zuò de huà zhǐ yào wán chéng yí dào shù xué tí jiù kě yǐ miǎn fèi zuò
一辆辆云彩车从面前飞过，酷小宝和萌小贝非常想坐坐云彩车。小仙女说：“你们想坐的话，只要完成一道数学题就可以免费坐。”

kù xiǎo bǎo hé méng xiǎo bèi shuō shù xué tí ya xiǎo cài yì dié
酷小宝和萌小贝说：“数学题呀，小菜一碟！”

xiǎo xiān nǚ dǎ le yí gè xiǎng zhǐ yí liàng yún cai chē fēi lái fēi chū yì zhāng diàn zǐ tí kǎ shàng miàn yǒu yí dào shù xué tí gè xiǎo péng yǒu yào zuò chē yóu wán měi liàng chē xiàn chéng rén zhì shǎo xū yào jǐ liàng chē
小仙女打了一个响指，一辆云彩车飞来，飞出一张电子题卡，上面有一道数学题：17个小朋友要坐车游玩，每辆车限乘4人，至少需要几辆车？

méng xiǎo bèi zhī dào kù xiǎo bǎo shì chē mí shuō kù xiǎo bǎo yǐ qián dōu shì nǐ ràng zhe wǒ zhè cì nǐ xiān lái ba
萌小贝知道酷小宝是车迷，说：“酷小宝，以前都是你让着我，这次你先来吧。”

kù xiǎo bǎo gǎn jī de shuō xiè xie méng xiǎo bèi měi liàng chē
酷小宝感激地说：“谢谢萌小贝！每辆车

限乘4人的意思就是，每辆车最多可以坐4人。17里面有几个4，就需要几辆车，所以得用到除法。多亏我乘法口诀背得熟练。”

酷小宝开心地用手指在题卡上写道：

17÷4=4（辆）……1（人）

答：至少需要4辆车。

酷小宝刚一停手，云彩车“呜呜”两声，变成了一个大大的“×”。

然后，飞来4辆云彩车，16个小朋友一个个上了车，留下酷小宝后悔莫及。

小糊涂仙嘻嘻笑着说：“酷小宝，这次不能怪我捣蛋了吧？只能怪你太粗心了，4辆车可以坐16个小朋友，余下的一人也得需要一辆车才行。而余下的那一个人，就是你哦！”

萌小贝惋惜地说："应该再用4+1=5（辆），需要5辆才对！"

酷小宝问："改过来不行吗？"

小仙女说："就像你平时考试一样，试卷发下来后，就算把错题纠正过来，也加不上分的。"

小糊涂仙打了个响指，又飞过来一辆云彩车，这次轮到萌小贝了。

云彩车上飞出一张电子题卡，萌小贝接过题卡：一只小船可以坐5人，21人要坐小船，一共需要几只小船？

萌小贝可细心了，认真地在题卡上写道：

21÷5=4（只）……1（人）

4+1=5（只）

答：一共需要5只小船。

萌小贝写完后，云彩车咯咯笑着说：“欢迎主人乘坐云彩车！”

萌小贝把电子题卡递给酷小宝，说：“大车迷，你去玩吧！”

酷小宝不好意思接，云彩车突然说：“主人可以邀请任何人同时上车。”

“耶！”酷小宝开心地大叫。

小仙女和小糊涂仙看着两个人这么友爱，也微笑了。

萌小贝和酷小宝一起坐上云彩车，云彩车带着他们飞速地向前跑。

yún duǒ gōng zhǔ qún

云朵公主裙

zuò gòu le yún cai chē kù xiǎo bǎo hé méng xiǎo bèi cóng yún cai chē shang xià lái xiǎo xiān nǚ shuō wán gòu le ba zán men qù cǎi yún dà zuō fang

坐够了云彩车，酷小宝和萌小贝从云彩车上下来。小仙女说："玩够了吧？咱们去'彩云大作坊'！"

xiǎo hú tu xiān shuō méng xiǎo bèi yí dìng fēi cháng fēi cháng xǐ huan

小糊涂仙说："萌小贝一定非常非常喜欢。"

kù xiǎo bǎo tīng le xiǎo hú tu xiān de huà wèn méng xiǎo bèi fēi cháng xǐ huan de kěn dìng yǔ gōng zhǔ yǒu guān shì zhuān mén zuò gōng zhǔ yòng pǐn de zuō fang ma

酷小宝听了小糊涂仙的话，问："萌小贝非常喜欢的，肯定与公主有关，是专门做公主用品的作坊吗？"

xiǎo xiān nǚ wēi xiào zhe shuō yě yǒu nǐ xǐ huan de hái yǒu wǒ men yào bāng mǎ yǐ dà shěn dài de yún duǒ xié

小仙女微笑着说："也有你喜欢的，还有我们要帮蚂蚁大婶带的云朵鞋。"

ò tài bàng le kuài dài wǒ men qù ba kù xiǎo bǎo hé

"哦！太棒了！快带我们去吧！"酷小宝和

méng xiǎo bèi xīng fèn de tiào qi lai
萌小贝兴奋地跳起来。

dà jiā hěn kuài jiù dào le cǎi yún dà zuō fang
大家很快就到了“彩云大作坊”。

zuō fang li de xiǎo jīng líng jiàn dào xiǎo xiān nǚ dōu rè qíng de dǎ
作坊里的小精灵见到小仙女，都热情地打
zhāo hu shù xué gōng zhǔ hǎo
招呼：“数学公主好！”

xiǎo xiān nǚ yī yī duì tā men diǎn tóu wēi xiào shuō nǐ
小仙女一一对他们点头微笑，说：“你
men hǎo
们好！”

cǎi yún dà zuō fang li guà mǎn le gè zhǒng gè yàng de cǎi
“彩云大作坊”里挂满了各种各样的彩
yún zhì pǐn méng xiǎo bèi hǎo xǐ huan piào liang de yún duǒ gōng zhǔ qún
云制品。萌小贝好喜欢漂亮的云朵公主裙，
kù xiǎo bǎo hǎo xǐ huan lán sè de yún duǒ hǎi jūn fú
酷小宝好喜欢蓝色的云朵海军服。

zuō fang li de xiǎo jīng líng yě rè qíng jiē dài le kù xiǎo bǎo hé
作坊里的小精灵也热情接待了酷小宝和
méng xiǎo bèi qǐng wèn èr wèi xū yào shén me
萌小贝：“请问二位需要什么？”

méng xiǎo bèi shuō wǒ xiǎng yào yì tiáo qī cǎi de yún duǒ gōng
萌小贝说：“我想要一条七彩的云朵公
zhǔ qún
主裙。”

xiǎo jīng líng shuō méi wèn tí qǐng nín wán chéng zhè dào shù
小精灵说：“没问题，请您完成这道数

xué tí
学题。”

xiǎo jīng líng dì gěi méng xiǎo bèi yì zhāng shù xué tí kǎ
小精灵递给萌小贝一张数学题卡：

zuò yì tiáo qún zi xū yào mǐ bù mǐ bù kě yǐ zuò jǐ
做一条裙子需要2米布，17米布可以做几

tiáo qún zi
条裙子？

méng xiǎo bèi kàn kan tí xiǎng zhè me jiǎn dān de tí wǒ kě
萌小贝看看题，想：这么简单的题，我可

bù néng xiàng kù xiǎo bǎo nà yàng cū xīn bǎ nà ge gěi diū le
不能像酷小宝那样粗心，把那个“1”给丢了。

méng xiǎo bèi pò bù jí dài de liè shì jì suàn
萌小贝迫不及待地列式计算：

tiáo mǐ tiáo
17÷2=8(条)……1(米)　8+1=9(条)

dá kě yǐ zuò tiáo
答：可以做9条。

wǒ de tiān na xiǎo xiān nǚ jīng hū nǐ zěn me zhè me jí
“我的天哪！”小仙女惊呼，“你怎么这么急

zào ne
躁呢？”

kàn dào zì jǐ dé dào yí gè dà dà de méng xiǎo bèi shǎ
看到自己得到一个大大的“×”，萌小贝傻

yǎn le
眼了。

kù xiǎo bǎo shuō méng xiǎo bèi zhè cì nǐ hú tu le shèng
酷小宝说：“萌小贝，这次你糊涂了。剩

xià de nà mǐ gēn běn bú gòu zài zuò yì tiáo qún zi ya
下的那1米根本不够再做一条裙子呀！”

xiǎng dào bù néng yōng yǒu nà me piào liang de yún duǒ gōng zhǔ qún
想到不能拥有那么漂亮的云朵公主裙，
méng xiǎo bèi hǎo shāng xīn
萌小贝好伤心。

kàn méng xiǎo bèi shí zài xǐ huan xiǎo xiān nǚ shàng qián qiú qíng
看萌小贝实在喜欢，小仙女上前求情，
xiǎo jīng líng tóng yì méng xiǎo bèi zài chóng xīn zuò yí cì zhè cì méng xiǎo
小精灵同意萌小贝再重新做一次。这次萌小
bèi hěn rèn zhēn de xiě
贝很认真地写：

tiáo mǐ
17÷2=8（条）……1（米）

dá kě yǐ zuò tiáo
答：可以做8条。

bú guò gǎi zhèng guo lai hái bù xíng méng xiǎo bèi bì xū děi
不过，改正过来还不行，萌小贝必须得
zài qù zhuō duǒ bù tóng yán sè de cǎi yún huí lái sòng gěi cǎi yún
再去捉99朵不同颜色的彩云回来送给“彩云
dà zuō fang
大作坊”。

hóng sè qiǎn hóng sè jú hóng sè zǐ hóng sè lán sè tiān
红色、浅红色、橘红色、紫红色、蓝色、天
lán sè bǎo lán sè
蓝色、宝蓝色……

méng xiǎo bèi zhuō yì duǒ yún biàn gěi cǎi yún dà zuō fang sòng
萌小贝捉一朵云，便给“彩云大作坊”送

回一朵，来来回回地跑哇跑。哈哈，这下可真够萌小贝累的了。

“妈呀！我以后再也不粗心了！我一定要淡定，稳稳重重地读题，思考，反复思考！”终于捉够了99朵不同颜色的云朵，萌小贝累得蹲到地上，大声喊道。

酷小宝、小仙女、小糊涂仙都笑了。酷小宝已经穿上了帅气的云朵海军服，小仙女也已经帮蚂蚁大婶选好了36只各种颜色的云朵鞋。

小糊涂仙说：“萌小贝，你选完云朵公主裙，咱们就可以回去了。”

萌小贝选了条彩虹云朵公主裙，穿上一抬脚，竟然飞了起来！

hā hā guài bu de jiào yún duǒ gōng zhǔ qún yuán lái chuān shàng
哈哈，怪不得叫云朵公主裙，原来穿上
tā jiù kě yǐ fēi le ya
它就可以飞了呀！

kù xiǎo bǎo chuān zhe yún duǒ hǎi jūn fú yě kě yǐ zì yóu de
酷小宝穿着云朵海军服也可以自由地
fēi kù xiǎo bǎo shuō zhēn kù wa zán men fēi hui qu jiù kě
飞，酷小宝说："真酷哇！咱们飞回去就可
yǐ le
以了！"

kù xiǎo bǎo hé méng xiǎo bèi duì xiǎo xiān nǚ shuō xiè xie xiè
酷小宝和萌小贝对小仙女说："谢谢，谢
xie fēi cháng gǎn xiè xiǎo xiān yuè
谢！非常感谢小仙乐！"

xiǎo xiān nǚ wēi xiào zhe yòu zhǎng gāo le lí mǐ xiàn zài tā
小仙女微笑着，又长高了2厘米，现在，她
yǐ jīng bǐ yuán lái gāo hěn duō le
已经比原来高很多了。

kù xiǎo bǎo méng xiǎo bèi xiǎo xiān nǚ hé xiǎo hú tu xiān fēi qi
酷小宝、萌小贝、小仙女和小糊涂仙飞起
lai zhī piào liang de yún duǒ xié pái chéng yì pái gēn zài hòu miàn
来，36只漂亮的云朵鞋排成一排跟在后面，
zhēn shì fēi cháng liàng lì de fēng jǐng
真是非常靓丽的风景。

zhěng jiù bàn miàn chéng

拯救半面城

xiǎo xiān nǚ xiǎo hú tu xiān kù xiǎo bǎo hé méng xiǎo bèi hěn kuài
小仙女、小糊涂仙、酷小宝和萌小贝很快
jiù jiàng luò dào le mǎ yǐ dà shěn jiā mén qián
就降落到了蚂蚁大婶家门前。

zhī mǎ yǐ bǎo bao jiàn dào cǎi sè de yún duǒ xié kāi xīn de
6只蚂蚁宝宝见到彩色的云朵鞋，开心得
bù dé liǎo lián lián duì xiǎo xiān nǚ tā men sì gè dào xiè
不得了，连连对小仙女他们四个道谢。

zhī yún duǒ xié fēi dào zhī mǎ yǐ bǎo bao de jiǎo shang mǎ
36只云朵鞋飞到6只蚂蚁宝宝的脚上，蚂
yǐ bǎo bao men lì jí jiù fēi le qǐ lái tā men pái chéng yì pái zài
蚁宝宝们立即就飞了起来，他们排成一排，在
tiān shàng fēi lái fēi qù yuǎn yuǎn kàn qù jiù xiàng yí gè dà wú gōng
天上飞来飞去，远远看去，就像一个大蜈蚣
fēng zheng
风筝。

mǎ yǐ dà shěn hé mǎ yǐ dà shū qǐng dà jiā dào jiā li shuō
蚂蚁大婶和蚂蚁大叔请大家到家里，说
zhǔn bèi le shàng hǎo de huā gāo hé huā chá kù xiǎo bǎo tīng dào hòu chán
准备了上好的花糕和花茶，酷小宝听到后馋
de kǒu shuǐ zhí liú
得口水直流。

dà jiā zǒu jìn wū li jiù kàn dào yí dà zhuō zi zào xíng jīng měi
　　大家走进屋里，就看到一大桌子造型精美
de huā gāo hái yǒu sè cǎi yàn lì sàn fā zhe qīng xiāng de huā chá
的花糕，还有色彩艳丽、散发着清香的花茶。

dà jiā wéi zhe zhuō zi zuò xia lai méng xiǎo bèi wèn mǎ yǐ
　　大家围着桌子坐下来，萌小贝问："蚂蚁
dà shěn shì fǒu xū yào bǎ mǎ yǐ bǎo bao men jiào hui lai ne
大婶，是否需要把蚂蚁宝宝们叫回来呢？"

mǎ yǐ dà shěn wēi xiào zhe shuō tā men yǐ jīng chī guo le
　　蚂蚁大婶微笑着说："他们已经吃过了，
qù bàn yí jiàn fēi cháng zhòng yào de shì qing le
去办一件非常重要的事情了。"

kù xiǎo bǎo kuā zàn shuō mǎ yǐ bǎo bao men zhēn shì tài
　　酷小宝夸赞说："蚂蚁宝宝们真是太
bàng le
棒了。"

xiǎo hú tu xiān shuō nǐ men chī fàn ba yí huìr mǎ yǐ bǎo
　　小糊涂仙说："你们吃饭吧。一会儿蚂蚁宝
bao men huí lái jiù xū yào wǒ men qù zhí xíng rèn wu le
宝们回来，就需要我们去执行任务了。"

xiǎo xiān nǚ shuō kù xiǎo bǎo hé méng xiǎo bèi nǐ men péi zhe
　　小仙女说："酷小宝和萌小贝，你们陪着
mǎ yǐ dà shěn hé mǎ yǐ dà shū yì qǐ chī ba wǒ hé xiǎo hú tu xiān
蚂蚁大婶和蚂蚁大叔一起吃吧，我和小糊涂仙
shì bù xū yào chī zhè xiē de
是不需要吃这些的。"

kù xiǎo bǎo hé méng xiǎo bèi yì biān chī zhe huā gāo hē zhe huā
　　酷小宝和萌小贝一边吃着花糕、喝着花

茶，一边与蚂蚁大叔和蚂蚁大婶聊天。

小仙女和小糊涂仙则在旁边小声讨论着什么事情。

“爸爸妈妈，我们回来了！”是蚂蚁宝宝们在外面喊。

小仙女和小糊涂仙飞出去，酷小宝和萌小贝一抬脚，也飞了起来。

蚂蚁宝宝们带回来一件什么东西呢？长方形的，那么大一块，被层层包裹着。

酷小宝和萌小贝走上前，小心翼翼地打开层层包装，发现是一块长方形的镜子。

“是镜子！用它来做什么呢？”酷小宝和萌小贝不解地问。

小仙女和小糊涂仙微笑着说：“这不是普

tōng de jìng zi ér shì yí miàn mó jìng
通的镜子，而是一面魔镜。”

mó jìng méng xiǎo bèi wèn shì bái xuě gōng zhǔ li nà
“魔镜？”萌小贝问，“是《白雪公主》里那

ge huài wáng hòu de mó jìng ma
个坏王后的魔镜吗？”

xiǎo xiān nǚ yáo yao tóu shuō bú shì děng huìr nǐ jiù zhī
小仙女摇摇头，说：“不是。等会儿你就知

dào le
道了。”

xiǎo hú tu xiān shuō zán men zǒu ba qù bàn miàn chéng
小糊涂仙说：“咱们走吧，去半面城。”

dà jiā gào bié le mǎ yǐ dà shěn yì jiā měi gè rén tái jìng zi
大家告别了蚂蚁大婶一家，每个人抬镜子

de yí gè jiǎo fēi xiàng bàn miàn chéng
的一个角，飞向半面城。

hěn kuài dào le bàn miàn chéng de chéng mén qián chéng mén zhǐ yǒu
很快到了半面城的城门前，城门只有

bàn miàn kù xiǎo bǎo shuō guài bu de jiào bàn miàn chéng yuán lái zhè
半面。酷小宝说：“怪不得叫半面城，原来这

lǐ de yí qiè dōu zhǐ yǒu bàn miàn
里的一切都只有半面！”

méng xiǎo bèi jiàn dào yì zhī zhǐ yǒu bàn miàn de māo pǎo chū chéng
萌小贝见到一只只有半面的猫跑出城，

xīn lǐ yǒu diǎnr pà gǎn jǐn wǎng hòu nuó le yí bù
心里有点儿怕，赶紧往后挪了一步。

xiǎo xiān nǚ ān wèi méng xiǎo bèi bié pà méi shìr de wǒ
小仙女安慰萌小贝：“别怕，没事儿的。我

men lái zhè lǐ de mù dì jiù shì zhěng jiù bàn miàn chéng
们来这里的目的，就是拯救半面城。”

xiǎo hú tu xiān xī xī xiào zhe shuō zán men xiàn zài xiān zhěng jiù
小糊涂仙嘻嘻笑着说：“咱们现在先拯救

chéng mén
城门！”

xiǎo xiān nǚ zhāo hu kù xiǎo bǎo hé méng xiǎo bèi tā men bǎ dà
小仙女招呼酷小宝和萌小贝，他们把大

dà de cháng fāng xíng jìng zi tái qi lai fàng zài bàn miàn chéng chéng mén
大的长方形镜子抬起来，放在半面城城门

quē shǎo de nà miàn
缺少的那面。

kù xiǎo bǎo jīng xǐ de shuō ā chéng mén wán hǎo wú quē
酷小宝惊喜地说：“啊！城门完好无缺

le
了！”

méng xiǎo bèi sī kǎo le yí xià shuō wǒ zhī dào le zhè ge
萌小贝思考了一下，说：“我知道了。这个

gēn wǒ nǎi nai jiǎn zhǐ shí yòng dào de shù xué zhī shi yí yàng dōu yòng
跟我奶奶剪纸时用到的数学知识一样，都用

dào le zhóu duì chèn de shù xué zhī shi
到了轴对称的数学知识。”

xiǎo xiān nǚ wēi xiào zhe diǎn dian tóu shuō méng xiǎo bèi shuō de
小仙女微笑着点点头说：“萌小贝说得

duì wǒ men yòng jìng miàn lái zhěng jiù bàn miàn chéng jiù shì yòng dào le
对！我们用镜面来拯救半面城，就是用到了

zhóu duì chèn de shù xué zhī shi céng jīng bàn miàn chéng li suǒ yǒu de
轴对称的数学知识。曾经，半面城里所有的

shì wù dōu shì chéng zhóu duì chèn de
事物都是成轴对称的。”

kù xiǎo bǎo bù jiě de wèn shén me jiào zhóu duì chèn
酷小宝不解地问：“什么叫轴对称？”

xiǎo hú tu xiān wēi xiào zhe shuō kù xiǎo bǎo wǒ lái gào su
小糊涂仙微笑着说：“酷小宝，我来告诉
nǐ bǐ rú yì zhāng zhèng fāng xíng de zhǐ wǒ men duì zhé zhī hòu zhé
你。比如一张正方形的纸，我们对折之后，折
hén liǎng biān huì wán quán chóng hé nà me zhè tiáo zhé hén jiù jiào zuò
痕两边会完全重合，那么，这条折痕就叫作
tā men de duì chèn zhóu zhè zhāng zhèng fāng xíng de zhǐ jiù shì zhóu duì
它们的对称轴。这张正方形的纸就是轴对
chèn tú xíng
称图形。”

méng xiǎo bèi shuō shēng huó zhōng zhóu duì chèn de shì wù hěn duō
萌小贝说：“生活中轴对称的事物很多
ne bǐ rú hú dié qīng tíng qīng wā shù yè
呢，比如蝴蝶、蜻蜓、青蛙、树叶……”

kù xiǎo bǎo shuō wǒ xiǎng dào yí gè bù zhī dào shì bu shì
酷小宝说：“我想到一个，不知道是不是。
píng jìng de hú miàn jiù xiàng yí miàn dà jìng zi dà shān zài hú miàn
平静的湖面就像一面大镜子，大山在湖面
shang de dào yǐng suàn bu suàn jìng miàn duì chèn
上的倒影算不算镜面对称？”

xiǎo hú tu xiān cháo kù xiǎo bǎo shù qǐ dà mǔ zhǐ shuō
小糊涂仙朝酷小宝竖起大拇指，说：
bàng
“棒！”

kù xiǎo bǎo kāi xīn de shuō xiǎo hú tu xiān xiàn zài wǒ gǎn jué
酷小宝开心地说:“小糊涂仙,现在我感觉
zì jǐ fēi cháng xǐ huan nǐ le
自己非常喜欢你了!”

xiǎo hú tu xiān tīng le kù xiǎo bǎo de huà bǎi bai shǒu
小糊涂仙听了酷小宝的话,摆摆手
shuō āi yō wǒ zuì shòu bu liǎo bié rén duì wǒ kè qi le dà
说:“哎哟,我最受不了别人对我客气了。”大
jiā dōu hā hā dà xiào qi lai
家都哈哈大笑起来。

rán hòu tā men tái zhe dà jìng zi hěn kuài jiù ràng bàn miàn
然后,他们抬着大镜子,很快就让半面
chéng li de suǒ yǒu shì wù huī fù le yuán yàng
城里的所有事物恢复了原样。

shuā mù bǎn bǐ sài
刷木板比赛

lí kāi le bàn miàn chéng bù xiàn zài bù néng zài jiào tā bàn miàn chéng le yīng gāi jiào duì chèn chéng cái duì xiàn zài rú guǒ wǒ men qù duì chèn chéng li huì fā xiàn chéng li chù chù dōu shì duì chèn měi

离开了半面城，不，现在不能再叫它半面城了，应该叫“对称城”才对。现在，如果我们去“对称城”里会发现，城里处处都是对称美。

xiǎo xiān nǚ hé xiǎo hú tu xiān dài zhe kù xiǎo bǎo méng xiǎo bèi lí kāi le duì chèn chéng dà jiā yōu xián de zài tiān kōng zhōng sàn bù

小仙女和小糊涂仙带着酷小宝、萌小贝离开了“对称城”，大家悠闲地在天空中散步。

xiǎo xiān nǚ shuō kù xiǎo bǎo méng xiǎo bèi fēi cháng gǎn xiè nǐ men gǎn xiè nǐ men péi zhe wǒ

小仙女说：“酷小宝、萌小贝，非常感谢你们，感谢你们陪着我。”

kù xiǎo bǎo hé méng xiǎo bèi lián máng bǎi bai shǒu shuō xiǎo xiān yuè nǐ zěn me zhè me shuō ne shì wǒ men yīng gāi gǎn xiè nǐ ya gēn

酷小宝和萌小贝连忙摆摆手，说：“小仙乐，你怎么这么说呢？是我们应该感谢你呀！跟

zhe nǐ wǒ men bù jǐn wán de kāi xīn hái xué dào le bù shǎo de shù
着你，我们不仅玩得开心，还学到了不少的数
xué zhī shi
学知识。”

xiǎo xiān nǚ yòu zhǎng gāo le lí mǐ tā gē gē xiào zhe
小仙女又长高了2厘米，她咯咯笑着
shuō wǒ gǎn xiè nǐ men yīn wèi nǐ men yǐ jīng ràng wǒ zhǎng gāo
说：“我感谢你们！因为你们已经让我长高
le hěn duō
了很多。”

xiǎo hú tu xiān xiào xī xī de shuō nǐ men jiù bié shuō kè tào
小糊涂仙笑嘻嘻地说：“你们就别说客套
huà le jiē xià lái zán men qù nǎ lǐ wán ne
话了。接下来，咱们去哪里玩呢？”

xiǎo xiān nǚ shuō hǎo wán de wán nì le de huà kě yǐ qù tàn
小仙女说：“好玩的玩腻了的话，可以去探
xiǎn jiù shì bù zhī dào nǐ men gǎn bu gǎn
险，就是不知道你们敢不敢。”

xiǎo hú tu xiān pāi pai xiōng pú shuō tàn xiǎn wǒ bú pà
小糊涂仙拍拍胸脯说：“探险我不怕！”

kù xiǎo bǎo hé méng xiǎo bèi yě fēi cháng xī wàng tǐ yàn yí xià
酷小宝和萌小贝也非常希望体验一下
jīng xiǎn cì jī de wán fǎ
惊险刺激的玩法。

dà jiā zhèng tǎo lùn zhe hū rán tīng xià miàn yǒu rén zài kū nào
大家正讨论着，忽然听下面有人在哭闹。
dà jiā mǎ shàng jiàng luò dào dì miàn shì yì zhī hóu bǎo bao zài kū nào
大家马上降落到地面，是一只猴宝宝在哭闹。

hóu bà ba xiǎng gěi yì xiē mù bǎn shuā yóu qī hóu bǎo bao fēi yào bà ba péi tā qù zhǎo mā ma
猴爸爸想给一些木板刷油漆，猴宝宝非要爸爸陪他去找妈妈。

méng xiǎo bèi wèn hóu mā ma qù nǎr le ne
萌小贝问："猴妈妈去哪儿了呢？"

hóu bà ba xiào zhe shuō qù kàn wàng hóu wài pó le
猴爸爸笑着说："去看望猴外婆了。"

kù xiǎo bǎo xiǎng le xiǎng shuō hóu xiān sheng wǒ men lái bāng nín gěi zhè xiē mù bǎn shuā yóu qī ba
酷小宝想了想，说："猴先生，我们来帮您给这些木板刷油漆吧。"

hóu bà ba tīng le fēi cháng gǎn jī de shuō nà duō bù hǎo yì si ya
猴爸爸听了非常感激地说："那多不好意思呀！"

xiǎo xiān nǚ shuō zhè yàng ba zán men lái yí gè shuā mù bǎn dà sài hóu bǎo bao lái dāng cái pàn hǎo bu hǎo
小仙女说："这样吧，咱们来一个刷木板大赛！猴宝宝来当裁判，好不好？"

hóu bǎo bao yì tīng yào bǐ sài pāi shǒu jiào hǎo
猴宝宝一听要比赛，拍手叫好。

hóu bà ba shuō yí gòng yǒu kuài mù bǎn zán men gè rén yì rén kuài ba
猴爸爸说："一共有30块木板，咱们5个人，一人6块吧！"

jiē zhe hóu bà ba gěi dà jiā jiǎng le shuā mù bǎn de fāng fǎ
接着，猴爸爸给大家讲了刷木板的方法，

gào su dà jiā měi kuài mù bǎn dōu yào shuā shuā yí miàn dà gài xū yào
告诉大家：每块木板都要刷，刷一面大概需要
fēn zhōng shuā wán hòu xū yào liàng fēn zhōng liàng gān le zài
1分钟。刷完后，需要晾5分钟，晾干了，再
shuā lìng yí miàn
刷另一面。

dà jiā fēn pèi hǎo le mù bǎn hóu bà ba yòu ná chū bǎ xīn
大家分配好了木板，猴爸爸又拿出4把新
shuā zi měi rén fēn dào yì bǎ shuā zi
刷子，每人分到一把刷子。

dà jiā gè jiù gè wèi hóu bǎo bao hǎn yù bèi kāi shǐ
大家各就各位，猴宝宝喊：“预备！开始！”

dà jiā dōu kāi shǐ máng lù de shuā qi lai zhǐ yǒu méng xiǎo bèi
大家都开始忙碌地刷起来，只有萌小贝
màn yōu yōu de chàng zhe gē wǒ shì yí gè fěn shuā jiàng fěn shuā běn
慢悠悠地唱着歌：“我是一个粉刷匠，粉刷本
lǐng qiáng
领强……”

kù xiǎo bǎo ná qǐ yí kuài mù bǎn fēi sù de shuā hǎo le yí
酷小宝拿起一块木板，飞速地刷好了一
miàn kě shì yào shuā lìng yí miàn děi děng zhè miàn gān le cái néng fān
面，可是要刷另一面，得等这面干了才能翻
guo qu
过去。

kù xiǎo bǎo xīn jí ya tā hèn bu de mù bǎn gǎn jǐn liàng gān
酷小宝心急呀，他恨不得木板赶紧晾干
le hǎo qù shuā lìng yí miàn tā duì zhe mù bǎn chuī qì shān fēng hǎo
了，好去刷另一面。他对着木板吹气、扇风，好

bù róng yì liàng gān le fēn zhōng yě guò qù le
不容易晾干了,5分钟也过去了。

kù xiǎo bǎo gǎn jǐn fān dào lìng yí miàn jí sù de shuā qi lai
酷小宝赶紧翻到另一面,急速地刷起来。

shuā hǎo zhī hòu tā gǎn jǐn ná qǐ dì èr kuài mù bǎn shuā wán hòu
刷好之后,他赶紧拿起第二块木板,刷完后,

yòu shì jí zào de děng dài
又是急躁地等待。

xiǎo xiān nǚ hé xiǎo hú tu xiān ne yě gēn kù xiǎo bǎo de qíng
小仙女和小糊涂仙呢,也跟酷小宝的情

kuàng yí yàng tā men hèn bu de yòng mó fǎ ràng mù bǎn lì jí gān
况一样,他们恨不得用魔法让木板立即干

le kě shì rú guǒ tā men yòng mó fǎ de huà qǐ bú shì duì kù xiǎo
了。可是,如果他们用魔法的话,岂不是对酷小

bǎo hé méng xiǎo bèi tài bù gōng píng le
宝和萌小贝太不公平了?

hóu bà ba běn bù xiǎng dé guàn jūn suǒ yǐ yì zhí màn yōu yōu
猴爸爸本不想得冠军,所以,一直慢悠悠

de shuā zhe ān jìng de děng zhe
地刷着,安静地等着。

zhèng zài kù xiǎo bǎo xiǎo xiān nǚ hé xiǎo hú tu xiān jí zào de
正在酷小宝、小仙女和小糊涂仙急躁地

děng dì èr kuài mù bǎn liàng gān de shí hou hóu bǎo bao dà shēng xuān
等第二块木板晾干的时候,猴宝宝大声宣

bù shuā mù bǎn dà sài dì yī míng méng xiǎo bèi
布:“刷木板大赛第一名:萌小贝!”

kù xiǎo bǎo yì tīng méng xiǎo bèi jū rán yǐ jīng shuā wán le bù
酷小宝一听萌小贝居然已经刷完了,不

xiāng xìn de pǎo guo qu zhèng yào ná qi lai mō yi mō méng xiǎo bèi
相信地跑过去，正要拿起来摸一摸，萌小贝

hǎn dào bié mō yóu qī wèi gān
喊道："别摸！油漆未干！"

kù xiǎo bǎo yí huò de wèn nǐ de lìng yí miàn dōu shuā wán
酷小宝疑惑地问："你的另一面都刷完

le ma
了吗？"

méng xiǎo bèi wēi xiào zhe shuō duì ya
萌小贝微笑着说："对呀！"

xiǎo xiān nǚ hé xiǎo hú tú xiān fēi guo lai wèn méng xiǎo bèi
小仙女和小糊涂仙飞过来，问："萌小贝，

nǐ huì mó fǎ
你会魔法？"

hóu bà ba yě kuài sù de pǎo guo lai xiǎng kàn gè jiū jìng
猴爸爸也快速地跑过来，想看个究竟。

méng xiǎo bèi xiào xī xī de shuō zěn me yàng xiǎng zhī dào wǒ
萌小贝笑嘻嘻地说："怎么样？想知道我

dào dǐ yòng de shén me mó fǎ ma
到底用的什么'魔法'吗？"

dà jiā xiàng xiǎo jī chī mǐ shì de lián lián diǎn tóu shuō kuài
大家像小鸡吃米似的，连连点头，说："快

shuō shuo nǐ yòng le shén me mó fǎ
说说，你用了什么魔法？"

xiǎo hú tu xiān hēi hēi xiào zhe shuō hng rú guǒ nǐ yòng le
小糊涂仙嘿嘿笑着说："哼！如果你用了

mó fǎ de huà kě shì suàn zuò bì de zhè ge dì yī míng bù néng
魔法的话，可是算作弊的！这个第一名不能

算数。”

萌小贝笑眯眯地说：“我用的‘魔法’叫‘数学’，具体来说是数学中的知识，叫‘合理安排时间’！”

然后，萌小贝给大家讲起自己是怎么合理安排时间的，她说：“要想用最少的时间完成任务，就不能让时间浪费了。在等木板油漆晾干的5分钟里，如果只坐等，就很浪费时间。所以，我先把木板排成一排，都先刷一面。这样，我把6块木板的一面都刷完了，第一块木板的油漆已经干了，我就可以把它翻过来刷另一面了。刷完第一块，第二块又正巧晾干了。”

说到这里，萌小贝朝大家扮个鬼脸，酷小

bǎo tā men gè rén lì jí míng bai le mǎ shàng huí qù jiē zhe shuā
宝他们4个人立即明白了，马上回去接着刷

mù bǎn qù le méng xiǎo bèi shì zěn me shuā de ne dà jiā kàn kan tú
木板去了。萌小贝是怎么刷的呢？大家看看图

jiù gèng míng bai le
就更明白了：

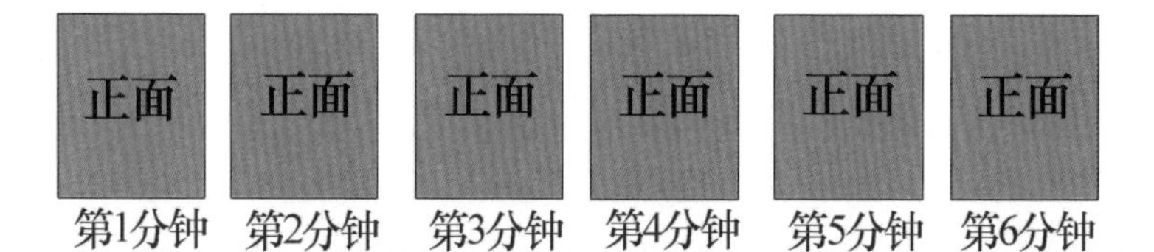

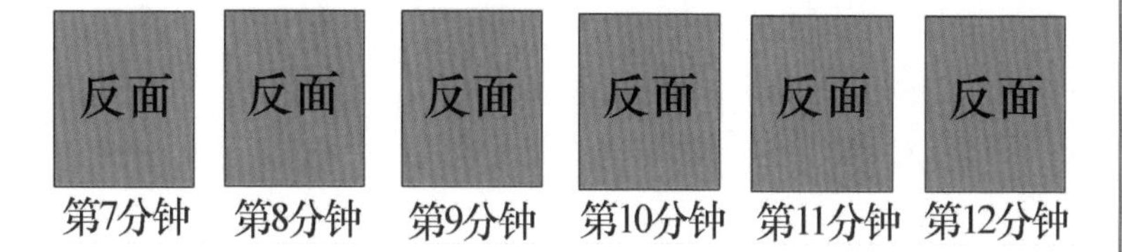

mì dòng tàn xiǎn qiǎo yù yì zhī māo
秘洞探险，巧遇一只猫

dà jiā hěn kuài bāng hóu bà ba shuā hǎo le mù bǎn kù xiǎo bǎo tuō
大家很快帮猴爸爸刷好了木板，酷小宝脱
xià zì jǐ de yún duǒ hǎi jūn fú sòng gěi hóu bà ba shuō chuān
下自己的云朵海军服，送给猴爸爸，说：“穿
shàng zhè ge hěn fāng biàn nín lái wǎng hóu wài pó jiā
上这个，很方便您来往猴外婆家。”

hóu bà ba cháo kù xiǎo bǎo jū le gè gōng shuō zhēn shì tài
猴爸爸朝酷小宝鞠了个躬，说：“真是太
gǎn xiè nín le
感谢您了！”

méng xiǎo bèi yě bǎ zì jǐ de cǎi hóng yún duǒ gōng zhǔ qún sòng
萌小贝也把自己的彩虹云朵公主裙送
gěi le hóu bà ba suī rán hěn shě bu de dàn kàn dào hóu bà ba hé
给了猴爸爸，虽然很舍不得，但看到猴爸爸和
hóu bǎo bao nà me kāi xīn méng xiǎo bèi jué de xīn lǐ fēi cháng wēn
猴宝宝那么开心，萌小贝觉得心里非常温
nuǎn
暖。

gào bié le hóu bà ba hé hóu bǎo bao xiǎo xiān nǚ huī dòng mó fǎ
告别了猴爸爸和猴宝宝，小仙女挥动魔法
bàng hé jīn yào shi sān gè rén lái dào le yí gè shān dòng qián
棒和金钥匙，三个人来到了一个山洞前。

zhè shì nǎ lǐ méng xiǎo bèi wèn
“这是哪里？”萌小贝问。

xiǎo xiān nǚ wēi xiào zhe shuō zán men gāng gāng bú shì shuō yào
小仙女微笑着说：“咱们刚刚不是说要

wán jīng xiǎn cì jī de ma jù shuō zhè ge shān dòng hěn shén mì hěn
玩惊险刺激的吗？据说，这个山洞很神秘，很

duō rén xiǎng jìn qù què cóng lái bù gǎn jìn qù nǐ men pà bu pà
多人想进去，却从来不敢进去。你们怕不怕？”

xiǎo hú tu xiān shuō wǒ shì nán zǐ hàn shàng dāo shān xià
小糊涂仙说：“我是男子汉！上刀山，下

huǒ hǎi wǒ dōu bú pà
火海，我都不怕！”

kù xiǎo bǎo pāi pai xiōng pú shuō wǒ cái shì zhēn zhèng de nán
酷小宝拍拍胸脯说：“我才是真正的男

zǐ hàn wǒ gèng bú pà
子汉！我更不怕！”

méng xiǎo bèi xiào le xiào shuō zhè lǐ shì shù xué chéng wǒ
萌小贝笑了笑，说：“这里是数学城，我

xiǎng shù xué chéng li de shén mì shān dòng yīng gāi gēn shù xué yǒu guān
想，数学城里的神秘山洞，应该跟数学有关

xì wǒ zhēn de hěn xiǎng jìn qù xué diǎnr shù xué zhī shi ne
系，我真的很想进去学点儿数学知识呢！”

xiǎo xiān nǚ xī xī xiào zhe shuō jì rán dà jiā dōu zhè me
小仙女嘻嘻笑着说：“既然大家都这么

shuō nà wǒ men jiù jìn qù ba
说，那我们就进去吧！”

xiǎo xiān nǚ fēi zài qián miàn xiǎo hú tu xiān jǐn jǐn gēn zhe kù
小仙女飞在前面，小糊涂仙紧紧跟着，酷

xiǎo bǎo hé méng xiǎo bèi suí hòu bù xíng jìn rù
小宝和萌小贝随后步行进入。

shān dòng nèi hēi hū hū de shén me dōu kàn bu dào xiǎo xiān nǚ huī hui mó fǎ bàng méi yǒu yì diǎnr fǎn yìng xiǎo xiān nǚ shuō
山洞内黑乎乎的，什么都看不到。小仙女挥挥魔法棒，没有一点儿反应，小仙女说：

zāo gāo mó fǎ bàng shī líng le
“糟糕，魔法棒失灵了！”

méng xiǎo bèi yì jīng shuō zán men tuì chu qu ba hēi qī qī de guài hài pà de
萌小贝一惊，说：“咱们退出去吧！黑漆漆的，怪害怕的！”

kù xiǎo bǎo xiào huà méng xiǎo bèi zhēn shi gè dǎn xiǎo guǐ gāng jìn lái jiù pà le ya
酷小宝笑话萌小贝：“真是个胆小鬼！刚进来就怕了呀？”

ǎ méng xiǎo bèi tū rán jiān jiào yì shēng nà shì shén me
“啊！”萌小贝突然尖叫一声，“那是什么？”

kù xiǎo bǎo bèi méng xiǎo bèi de jiān jiào jīng de dǎ le gè hán zhàn xiǎo xiān nǚ hé xiǎo hú tu xiān ān wèi tā men shuō bié jǐn zhāng
酷小宝被萌小贝的尖叫惊得打了个寒战，小仙女和小糊涂仙安慰他们说：“别紧张。”

dà jiā dōu kàn dào le zhèng qián fāng yǒu liǎng tuán lǜ guāng yuán yuán de yì shǎn yì shǎn yōu yōu de lǜ guāng ràng rén tóu pí fā
大家都看到了，正前方有两团绿光，圆圆的，一闪一闪。幽幽的绿光，让人头皮发

紧，心里发怵。

酷小宝想起动物小说里说狼的眼睛在夜里发绿光，吓了一跳，可他不敢吭声，怕萌小贝笑话他。

小仙女笑了笑，说："大家别怕！是只猫而已。"

"喵——"果然是只猫。紧接着，一道亮光闪过，整个山洞内都亮起来。

酷小宝长长地吁了口气，说："果然惊险！嘻嘻，不过，是有惊无险。"

猫迈着优雅的步子走过来，萌小贝说："好优雅的猫！"她伸出手想抚摸猫的头，猫却躲开了。

猫走到酷小宝跟前，直立起身子，朝酷小

bǎo zuò gè yī rán hòu zhuǎn shēn cháo dòng li zǒu qù
宝作个揖，然后转身朝洞里走去。

méng xiǎo bèi bú yuè de shuō hǎo shāng xīn tā hǎo xiàng bù
萌小贝不悦地说：“好伤心，它好像不

xǐ huan wǒ
喜欢我。”

xiǎo hú tu xiān shuō tā yào wèi wǒ men dài lù gēn zhe tā
小糊涂仙说：“它要为我们带路，跟着它

zǒu ba
走吧。”

kù xiǎo bǎo hé méng xiǎo bèi gēn zhe māo wǎng qián zǒu xiǎo xiān nǚ
酷小宝和萌小贝跟着猫往前走，小仙女

hé xiǎo hú tu xiān fēi zhe gēn suí zài hòu
和小糊涂仙飞着跟随在后。

wān wān qū qū zǒu le yí duàn lù dào le yí shàn shí mén qián
弯弯曲曲走了一段路，到了一扇石门前。

māo yòng qián zhuǎ qiāo qiao shí mén shí mén shang chū xiàn le yí gè
猫用前爪敲敲石门，石门上出现了一个

yòng huǒ chái bàng bǎi chéng de xiǎo fáng zi hé yì háng wén zì zhè shì
用火柴棒摆成的小房子和一行文字：这是

yóu gēn huǒ chái bàng bǎi chéng de xiǎo fáng zi běn lái qián miàn cháo
由10根火柴棒摆成的小房子，本来前面朝

xiàng nǐ de yòu cè qǐng yí dòng qí zhōng gēn huǒ chái bàng shǐ tā
向你的右侧，请移动其中2根火柴棒，使它

de qián miàn cháo xiàng nǐ de zuǒ cè
的前面朝向你的左侧。

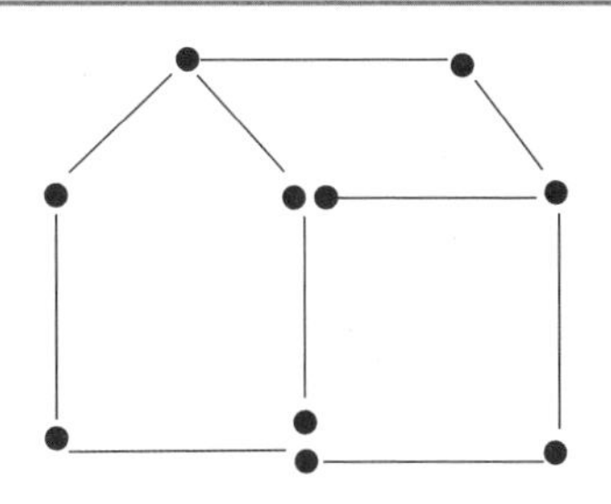

kù xiǎo bǎo yì shí méi yǒu tóu xù tā xū yào hǎo hǎo xiǎng yi

酷小宝一时没有头绪，他需要好好想一

xiǎng

想。

méng xiǎo bèi què shēn chū shǒu zài shàng miàn bǐ yi bǐ hěn kuài

萌小贝却伸出手，在上面比一比，很快

jiù yǒu le dá àn méng xiǎo bèi shuō jì rán yào bǎ qián miàn yí dào

就有了答案。萌小贝说：“既然要把前面移到

zuǒ cè suǒ yǐ zhè gēn héng zhe de huǒ chái bàng yí dìng děi yí dào zuǒ

左侧，所以这根横着的火柴棒一定得移到左

cè zhè ge wèi zhì shuō zhe jiù dòng shǒu yí dòng le guò qù

侧这个位置。”说着，就动手移动了过去。

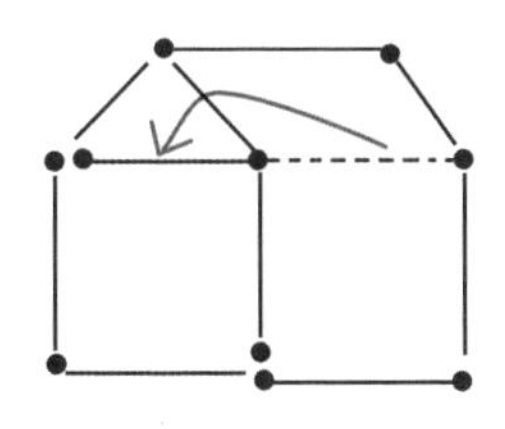

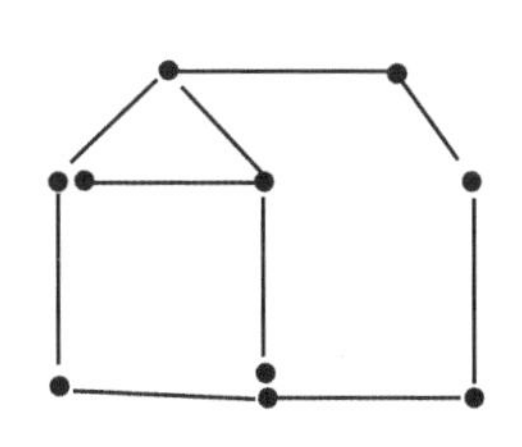

kù xiǎo bǎo kàn dào méng xiǎo bèi yí dòng yì gēn zhī hòu huò rán

酷小宝看到萌小贝移动一根之后，豁然

kāi lǎng shuō ò wǒ zhī dào lìng yì gēn yīng gāi yí dòng shuí le

开朗，说：“哦！我知道另一根应该移动谁了。”

kù xiǎo bǎo shēn shǒu bǎ dì èr gēn huǒ chái bàng yí dòng guo qu
酷小宝伸手把第二根火柴棒移动过去。

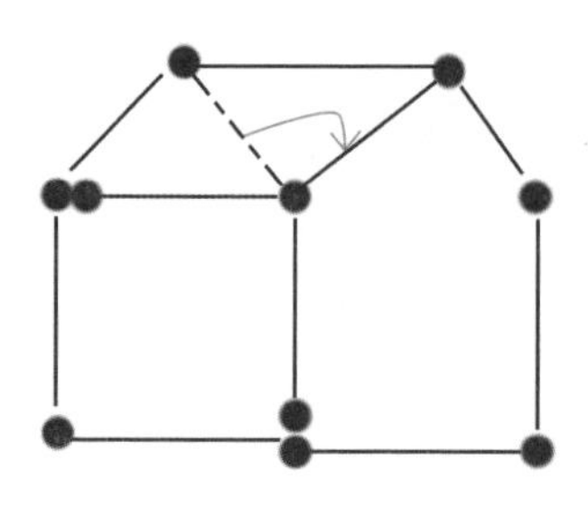

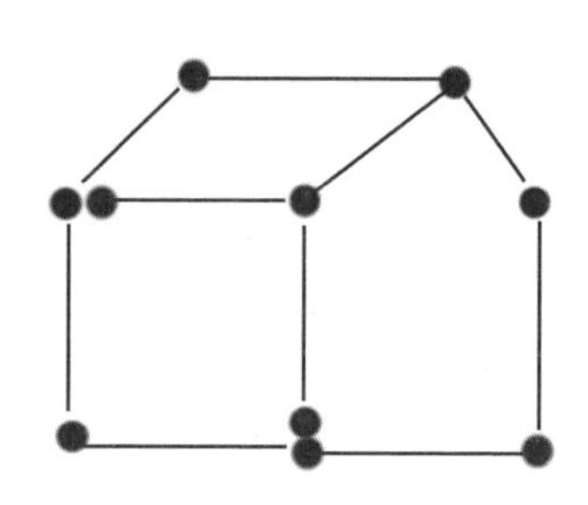

zhēn shì bàng jí le xiǎo xiān nǚ hé xiǎo hú tu xiān yì kǒu
“真是棒极了！”小仙女和小糊涂仙异口

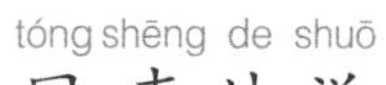

tóng shēng de shuō
同声地说。

shí mén shang de xiǎo fáng zi shùn jiān bú jiàn le shí mén huǎn huǎn
石门上的小房子瞬间不见了，石门缓缓

de dǎ kāi le
地打开了。

māo miāo de jiào le yì shēng cuān jìn mén qù
猫“喵”地叫了一声，蹿进门去。

māo wáng zǐ
猫王子

dà jiā gēn zài māo hòu miàn zǒu jin qu dùn shí jīng dāi le māo
大家跟在猫后面走进去，顿时惊呆了：猫
bú jiàn le yí gè tóu dài wáng guān de xiǎo wáng zǐ chū xiàn zài dà jiā
不见了，一个头戴王冠的小王子出现在大家
de shì xiàn li
的视线里。

xiǎo wáng zǐ chòng dà jiā wēi xiào zhe jū gōng biǎo shì duì dà jiā
小王子冲大家微笑着鞠躬，表示对大家
de gǎn jī zhī qíng
的感激之情。

méng xiǎo bèi jīng yà de wèn nǐ shì gāng gāng nà zhī māo
萌小贝惊讶地问：“你是刚刚那只猫
biàn de
变的？”

xiǎo wáng zǐ bù hǎo yì si de diǎn dian tóu
小王子不好意思地点点头。

méng xiǎo bèi zhōng yú míng bai le wèi shén me gāng gāng tā yào fǔ
萌小贝终于明白了为什么刚刚她要抚
mō māo de tóu māo huì duǒ kāi le yuán lái tā shì yí gè nán hái
摸猫的头，猫会躲开了。原来他是一个男孩
zi nán hái zi dāng rán bù xǐ huan bèi yí gè nǚ hái zi mō zì jǐ
子，男孩子当然不喜欢被一个女孩子摸自己

de tóu le xiǎng dào zhè lǐ méng xiǎo bèi rěn bu zhù xiào le
的头了。想到这里，萌小贝忍不住笑了。

kù xiǎo bǎo wèn nǐ wèi shén me zài zhè lǐ wèi shén me huì biàn chéng yì zhī māo ne
酷小宝问：“你为什么在这里？为什么会变成一只猫呢？”

xiǎo xiān nǚ wèn qǐng wèn yǒu shén me xū yào wǒ men bāng máng de dì fang ma
小仙女问：“请问，有什么需要我们帮忙的地方吗？”

xiǎo wáng zǐ zhǐ zhi zì jǐ de zuǐ ba bǎi bai shǒu yáo yao tóu
小王子指指自己的嘴巴，摆摆手，摇摇头。

nǐ bù néng shuō huà xiǎo hú tu xiān wèn
“你不能说话？”小糊涂仙问。

xiǎo wáng zǐ diǎn dian tóu gěi dà jiā jū gè gōng rán hòu yòng qǐ qiú de yǎn shén kàn zhe dà jiā
小王子点点头，给大家鞠个躬，然后用乞求的眼神看着大家。

xiǎo xiān nǚ shuō wǒ míng bai nǐ de yì si nǐ shì xiǎng ràng wǒ men bāng nǐ duì bu duì
小仙女说：“我明白你的意思。你是想让我们帮你，对不对？”

xiǎo wáng zǐ diǎn dian tóu
小王子点点头。

kù xiǎo bǎo hé méng xiǎo bèi shuō nǐ fàng xīn wǒ men yí dìng jìn lì bāng nǐ
酷小宝和萌小贝说：“你放心，我们一定尽力帮你！”

xiǎo hú tu xiān yě shuō shì ya wǒ men yí dìng huì bāng nǐ de
小糊涂仙也说："是呀！我们一定会帮你的！"

xiǎo wáng zǐ tīng le zhōng yú lù chū le wēi xiào rán hòu xiǎo wáng zǐ zài qián miàn dài lù shì yì dà jiā gēn zhe tā zǒu
小王子听了，终于露出了微笑。然后，小王子在前面带路，示意大家跟着他走。

kù xiǎo bǎo hé méng xiǎo bèi jǐn jǐn gēn zhe xiǎo wáng zǐ xiǎo xiān nǚ hé xiǎo hú tu xiān fēi suí zài hòu
酷小宝和萌小贝紧紧跟着小王子，小仙女和小糊涂仙飞随在后。

dà jiā xiǎo xīn yì yì de wǎng qián zǒu xiǎo wáng zǐ zhōng yú zài yí shàn shí mén qián tíng le xià lái xiǎo wáng zǐ qiāo qiao mén yǒu gè shēng yīn shuō qǐng shuō kǒu lìng
大家小心翼翼地往前走，小王子终于在一扇石门前停了下来。小王子敲敲门，有个声音说："请说口令！"

kǒu lìng kù xiǎo bǎo xiǎng shì bu shì zhī ma kāi mén ne guǎn tā ne shì shi zài shuō
"口令？"酷小宝想，"是不是'芝麻开门'呢？管它呢，试试再说！"

zhī ma kāi mén kù xiǎo bǎo dà shēng shuō dào
"芝麻开门！"酷小宝大声说道。

kù xiǎo bǎo gāng shuō wán yí dào shǎn diàn cóng mén shang shè chū fā shè dào kù xiǎo bǎo shēn shang kù xiǎo bǎo ā de yì shēng jìng
酷小宝刚说完，一道闪电从门上射出，发射到酷小宝身上。酷小宝"啊"的一声，竟

然变成了一只猫。

“酷小宝！”萌小贝、小仙女和小糊涂仙惊叫一声，吓傻眼了。

大家都不敢轻举妄动了，小仙女安慰大家：“大家镇静下来，一定有办法的！”

萌小贝对变成猫的酷小宝说：“酷小宝，别担心！妈妈常常教育我们，遇事要冷静。我一定会让你恢复到原来的模样！”

萌小贝仔细观察石门，石门上有一些数字：

33333 55555	5　10	7 8
1×1	1+2+3	12345609

méng xiǎo bèi xiǎng zhè xiē shù zì shì bu shì jiù shì kǒu lìng de tí shì ne

萌小贝想："这些数字是不是就是口令的提示呢？"

xiǎo xiān nǚ shuō zhè xiē shù zì yīng gāi jiù shì kǒu lìng ba

小仙女说："这些数字应该就是口令吧！"

xiǎo hú tu xiān diǎn dian tóu shuō yào bù ràng wǒ xiān shì shi rú guǒ wǒ yě biàn chéng le yì zhī māo nǐ men zài xiǎng bàn fǎ jiù wǒ

小糊涂仙点点头，说："要不让我先试试？如果我也变成了一只猫，你们再想办法救我。"

méng xiǎo bèi gǎn jǐn zǔ zhǐ xiǎo hú tu xiān bié xiān xiǎng xiang zài shuō wǒ jué de zhè xiē shù zì kě néng shì kǒu lìng tí shì

萌小贝赶紧阻止小糊涂仙："别！先想想再说！我觉得这些数字可能是口令提示。"

xiǎo xiān nǚ diǎn dian tóu shuō tīng nǐ zhè me yì shuō wǒ gǎn jué fēi cháng yǒu dào lǐ

小仙女点点头，说："听你这么一说，我感觉非常有道理。"

méng xiǎo bèi shuō wǒ jì de lǎo shī gěi wǒ men chū guo yí dào shù zì mí yǔ dǎ yì chéng yǔ mí dǐ shì diū sān là sì zhè huì bu huì yě shì shù zì mí yǔ ne

萌小贝说："我记得老师给我们出过一道数字谜语：01256789打一成语，谜底是丢三落四。这会不会也是数字谜语呢？"

xiǎo hú tu xiān shuō nán dào zhè kǒu lìng shì liù gè chéng

小糊涂仙说："难道这口令是六个成

语？”

萌小贝眼前一亮，说：“哇！我想起来了，第一个应该是‘三五成群’！”

萌小贝的话音刚落，石门上的“3333355555”发出柔和的红光，变成了“三五成群”四个字。

“耶！对了！”萌小贝激动地跳起来。

她看看第二个，心里默念：“一个五，一个十，一五一十？对！就是一五一十！”

萌小贝对着第二个数字谜语说：“一五一十！”第二个数字谜语发出柔和的紫光，变成了“一五一十”四个字。

“7在上，8在下。”萌小贝心里想着，马上就有了答案，“七上八下！”第三个数字谜

语发出柔和的绿光，变成了“七上八下”四个汉字。

“1×1=1，两个一合起来还是一，答案是‘合二为一！’”萌小贝刚说完，第四个数字谜语发出柔和的黄光，变成了“合二为一”四个汉字。

“1+2+3，一接着二，然后接着三，答案是‘接二连三’。”萌小贝刚说完，第五个数字谜语发出柔和的蓝光，变成了“接二连三”四个汉字。

“12345609，6后面应该是7，7变成了0，七零，然后应该是8，8给丢了，七零八——落！呵呵，答案是‘七零八落’呀！”萌小贝刚说完，第六个数字谜语发出柔和的橙光，变成了

qī líng bā luò sì gè hàn zì
“七零八落”四个汉字。

liù gè shù zì mí yǔ dōu jiě kāi le shí mén fā chū yì shēng
六个数字谜语都解开了，石门发出一声

zàn tàn hǎo lì hai kǒu lìng wán quán zhèng què
赞叹：“好厉害！口令完全正确！”

jiě jiù kù xiǎo bǎo

解救酷小宝(1)

méng xiǎo bèi de kǒu lìng zhèng què shí mén huǎn huǎn kāi qǐ xiǎo wáng zǐ zǒu jin qu dà jiā dōu gēn suí zài hòu

萌小贝的口令正确，石门缓缓开启，小王子走进去，大家都跟随在后。

méng xiǎo bèi jīng yà de jiào dào lǐ miàn jìng rán tíng fàng zhe yí gè cǎo mào xíng zhuàng de fēi xíng qì

“UFO？”萌小贝惊讶地叫道。里面竟然停放着一个草帽形状的飞行器。

xiǎo wáng zǐ zǒu shàng qián fēi xíng qì de mén zì dòng dǎ kāi le tā zǒu jin qu hěn kuài yòu zǒu chu lai le

小王子走上前，飞行器的门自动打开了，他走进去，很快又走出来了。

xiǎo wáng zǐ zǒu dào méng xiǎo bèi gēn qián jū gè gōng shuō xiè xie nín méng xiǎo bèi yòu duì fēi zài kōng zhōng de xiǎo xiān nǚ hé xiǎo hú tu xiān shuō xiè xie nǐ men

小王子走到萌小贝跟前，鞠个躬，说：“谢谢您，萌小贝！”又对飞在空中的小仙女和小糊涂仙说：“谢谢你们！”

rán hòu tā dūn xià shēn bào bao kù xiǎo bǎo shuō péng you wèi le wǒ wěi qu nín le

然后，他蹲下身，抱抱酷小宝，说：“朋友，为了我，委屈您了！”

小王子说："我来自卡卡星球，是嘟嘟噜国王的小儿子布鲁鲁。我喜欢星际旅行，那天到这里临时降落，遇到一个非常怪异的黑衣人，他把我变成了一只猫，还把我的飞行器封闭在了山洞里。"

小仙女惊讶地张大了嘴巴，问："他是不是一身乌黑，戴着一个黑色的大斗笠？"

布鲁鲁说："是的。大斗笠边沿的黑纱蒙住了他的脸，根本看不清他的面容。您也见过他吗？"

小仙女点点头，说："我原来和萌小贝身高差不多，就是他把我变成了只有10厘米的身高。具体的事情，咱们以后再说，现在赶紧帮酷小宝恢复原样吧。"

xiǎo hú tu xiān shuō bāng zhù kù xiǎo bǎo huī fù le yuán
小糊涂仙说："帮助酷小宝恢复了原
yàng wǒ men de jī běn rèn wu jiù wán chéng de chà bu duō
样，我们的基本任务就完成得差不多
le
了。"

méng xiǎo bèi wèn bù lǔ lǔ wèi shén me nǐ kāi shǐ bù shuō
萌小贝问布鲁鲁："为什么你开始不说
huà cóng fēi xíng qì shang chū lái jiù huì shuō huà le ne
话，从飞行器上出来就会说话了呢？"

bù lǔ lǔ wēi xiào zhe shuō yīn wèi wǒ men yǔ yán bù tōng
布鲁鲁微笑着说："因为我们语言不通，
shuō le nǐ men yě tīng bu dǒng nǐ men shuō de huà wǒ yě tīng bu
说了你们也听不懂，你们说的话我也听不
dǒng wǒ de fēi xíng qì shang yǒu yǔ yán zhuǎn huàn qì
懂，我的飞行器上有语言转换器。"

kě shì zěn me cái néng jiě jiù kù xiǎo bǎo ne dà jiā zhèng bù
可是，怎么才能解救酷小宝呢？大家正不
zhī suǒ cuò shí tū rán cóng shí bì shang fēi lái yì zhāng zhǐ tiáo shàng
知所措时，突然从石壁上飞来一张纸条，上
miàn xiě zhe zhǎo mì dòng li zuì dà de shí mén
面写着："找秘洞里最大的石门。"

méng xiǎo bèi kàn le zhǐ tiáo wèn bù lǔ lǔ nǐ yīng gāi duì
萌小贝看了纸条，问布鲁鲁："你应该对
zhè ge mì dòng fēi cháng shú xi zhī dào zuì dà de shí mén zài nǎ
这个秘洞非常熟悉，知道最大的石门在哪
lǐ ba
里吧？"

bù lǔ lǔ diǎn dian tóu shuō dà jiā gēn wǒ lái ba
布鲁鲁点点头，说：“大家跟我来吧！”

bù lǔ lǔ zài qián miàn dài lù dà jiā hěn kuài dào le yí shàn fēi cháng dà de shí mén qián
布鲁鲁在前面带路，大家很快到了一扇非常大的石门前。

méng xiǎo bèi shàng qián chù mō le yí xià shí mén shí mén shang chū xiàn le yì fú tú
萌小贝上前触摸了一下石门，石门上出现了一幅图：

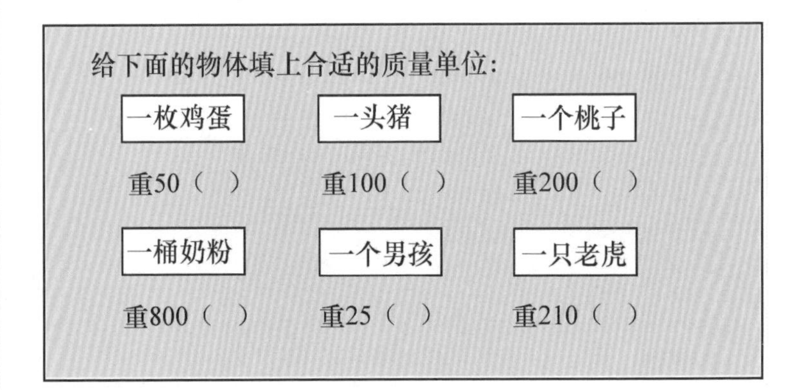
给下面的物体填上合适的质量单位：

一枚鸡蛋 重50（　）　一头猪 重100（　）　一个桃子 重200（　）

一桶奶粉 重800（　）　一个男孩 重25（　）　一只老虎 重210（　）

méng xiǎo bèi kàn dào zhè yàng de tí wèn shén me jiào zhì liàng jiù shì zhòng liàng ma
萌小贝看到这样的题，问：“什么叫质量？就是重量吗？”

xiǎo xiān nǚ diǎn dian tóu shuō duì biǎo shì wù tǐ yǒu duō zhòng jiù yào yòng dào zhì liàng dān wèi cháng yòng de zhì liàng dān wèi yǒu kè hé qiān kè
小仙女点点头，说：“对！表示物体有多重，就要用到质量单位，常用的质量单位有‘克’和‘千克’。”

méng xiǎo bèi shuō xiè xie xiǎo xiān yuè de tí xǐng xiǎo xiān nǚ
萌小贝说："谢谢小仙乐的提醒！"小仙女
tīng le méng xiǎo bèi de huà zhǎng gāo le lí mǐ
听了萌小贝的话，长高了1厘米。

méng xiǎo bèi chén sī le piàn kè shuō píng cháng wǒ hé
萌小贝沉思了片刻，说："平常我和
mā ma dào cài shì chǎng mǎi cài yòng de shì jīn hé liǎng zuò
妈妈到菜市场买菜，用的是'斤'和'两'作
wéi dān wèi
为单位。"

xiǎo hú tu xiān shuō rì cháng shēng huó zhōng rén men xí guàn
小糊涂仙说："日常生活中，人们习惯
yòng jīn hé liǎng zuò wéi dān wèi lái biǎo shì wù tǐ de zhì liàng
用'斤'和'两'作为单位来表示物体的质量。"

méng xiǎo bèi yòu wāi zhe nǎo dai xiǎng le xiǎng shuō wǒ hái
萌小贝又歪着脑袋想了想，说："我还
zhēn liú yì guo kè hé qiān kè jì de zài yì běn jiào zuò dòng
真留意过'克'和'千克'。记得在一本叫作《动
wù zhī zuì de shū shang kàn dào guo shuō shì jiè shang zuì xiǎo de
物之最》的书上看到过，说世界上最小的
niǎo fēng niǎo zhǐ yǒu kè zhòng ér zuì dà de niǎo tuó niǎo
鸟——蜂鸟，只有2克重，而最大的鸟——鸵鸟，
zé yǒu qiān kè zhòng yì méi tuó niǎo dàn jiù zhòng kè
则有100千克重，一枚鸵鸟蛋就重1 500克！"

xiǎo hú tu xiān cháo méng xiǎo bèi shù qǐ dà mǔ zhǐ shuō méng
小糊涂仙朝萌小贝竖起大拇指，说："萌
xiǎo bèi wǒ zhēn pèi fú nǐ
小贝，我真佩服你！"

布鲁鲁也夸奖萌小贝："你懂得可真多！"

萌小贝不好意思地笑了，说："我都是从书上看来的。当时我跑去问妈妈，1克大约是多重呢？妈妈拿出一枚一角的硬币递给我说，就这么重。当时我说，哇！怪不得蜂鸟像蜜蜂一样吸食花蜜！"

小糊涂仙笑着说："一只鸵鸟的体重大约是你的四倍，所以，鸵鸟不愧是世界上最大的鸟。"

酷小宝变的猫走到萌小贝脚下，用前爪抓了抓萌小贝的腿。萌小贝低头看了看酷小宝，说："废话不说，赶紧做题！"

萌小贝看了看石门上的题，说："一枚鸡蛋重50(　　)，一定是填'克'，因为如果填'千

kè de huà liǎng gè wǒ jiā qi lai cái néng dǐng yì méi jī dàn de zhì
克’的话，两个我加起来才能顶一枚鸡蛋的质

liàng nà shì bù kě néng de méng xiǎo bèi shuō zhe zài jī dàn xià miàn
量，那是不可能的！”萌小贝说着在鸡蛋下面

de kuò hào li yòng shǒu zhǐ xiě xià le kè
的括号里用手指写下了“克”。

méng xiǎo bèi jiē zhe fēi sù de biān shuō biān xiě yì tóu zhū bǐ
萌小贝接着飞速地边说边写：“一头猪比

wǒ zhòng de duō suǒ yǐ yīng gāi shì zhòng qiān kè ér bú shì kè
我重得多，所以应该是重100千克而不是克；

yí gè táo zi bǐ zhū qīng de duō dāng rán shì zhòng kè yì tǒng
一个桃子比猪轻得多，当然是重200克；一桶

nǎi fěn bù kě néng zhòng qiān kè bǐ zhū hái zhòng suǒ yǐ yí
奶粉，不可能重800千克，比猪还重，所以一

dìng shì zhòng kè yí gè nán hái jiù gēn kù xiǎo bǎo chà bu duō
定是重800克；一个男孩，就跟酷小宝差不多，

dāng rán yě gēn wǒ chà bu duō zhòng qiān kè yì zhī lǎo hǔ rú
当然也跟我差不多，重25千克；一只老虎，如

guǒ zhòng kè de huà gēn yí gè táo zi de zhì liàng chà bu duō
果重210克的话，跟一个桃子的质量差不多，

zhǐ néng shì wán jù lǎo hǔ suǒ yǐ zhēn de lǎo hǔ tǐ zhòng yīng
只能是玩具老虎，所以，真的老虎体重应

gāi shì qiān kè
该是210千克！”

méng xiǎo bèi shuō wán le yě xiě wán le shí mén shùn jiān biàn
萌小贝说完了，也写完了，石门瞬间便

xiāo shī le
消失了。

jiě jiù kù xiǎo bǎo
解救酷小宝(2)

kù xiǎo bǎo biàn chéng de māo jiàn shí mén xiāo shī le fēi sù chōng jìn shí dòng
酷小宝变成的猫见石门消失了，飞速冲进石洞。

dà jiā yě dōu gēn le jìn qù kě shì bìng méi yǒu fā xiàn kù xiǎo bǎo huī fù yuán yàng
大家也都跟了进去，可是，并没有发现酷小宝恢复原样。

kù xiǎo bǎo jí máng wèn wèi shén me wǒ méi yǒu biàn huí lai ne
酷小宝急忙问："为什么我没有变回来呢？"

méng xiǎo bèi jīng xǐ de shuō kù xiǎo bǎo nǐ yǐ jīng kě yǐ shuō huà le
萌小贝惊喜地说："酷小宝，你已经可以说话了！"

bù lǔ lǔ shuō kù xiǎo bǎo bié zháo jí hěn kuài jiù kě yǐ biàn huí qu
布鲁鲁说："酷小宝，别着急，很快就可以变回去！"

xiǎo xiān nǚ hé xiǎo hú tu xiān zài shí dòng nèi fēi le yì quān huí lái shuō nà bian yǒu liǎng miàn shí jìng qù kàn kan ba
小仙女和小糊涂仙在石洞内飞了一圈，回来说："那边有两面石镜，去看看吧！"

kù xiǎo bǎo tīng le dì yī gè chōng guo qu tā pǎo de fēi
酷小宝听了，第一个冲过去，他跑得飞

kuài rú yì zhī shè chu qu de jiàn
快，如一支射出去的箭。

dà jiā gēn zài kù xiǎo bǎo shēn hòu dào le shí jìng qián dì yī
大家跟在酷小宝身后，到了石镜前。第一

miàn shí jìng shang xiě zhe jǐ gè shù zì
面石镜上写着几个数字。

méng xiǎo bèi bù jiě de wèn yòu ràng cāi shù zì mí ma
萌小贝不解地问：“又让猜数字谜吗？”

kù xiǎo bǎo yáo le yáo tóu bù lǔ lǔ zǒu shàng qián bǎ shí jìng
酷小宝摇了摇头。布鲁鲁走上前，把石镜

shàng miàn de chén tǔ fú qù shàng miàn xiě zhe yì háng zì dú chū xià
上面的尘土拂去，上面写着一行字：读出下

miàn gè shù
面各数。

读出下面各数：

3 800读作：________

9 000读作：________

2 808读作：________

5 006读作：________

kù xiǎo bǎo xiào le shuō hēi hēi zhè me jiǎn dān na
酷小宝笑了，说：“嘿嘿，这么简单哪？”

méng xiǎo bèi dòu kù xiǎo bǎo kù xiǎo bǎo nǐ bié xiào xíng bu
萌小贝逗酷小宝：“酷小宝，你别笑，行不

xíng yì zhī lěng xiào de māo tǐng xià rén de
行？一只冷笑的猫，挺吓人的。”

kù xiǎo bǎo yǎng liǎn kàn zhe méng xiǎo bèi mī qǐ shuāng yǎn hú
酷小宝仰脸看着萌小贝，眯起双眼，胡
zi shàng qiào zuǐ jiǎo yáng qǐ zì yǐ wéi hěn wēn róu de duì méng xiǎo
子上翘，嘴角扬起，自以为很温柔地对萌小
bèi xiào le xiào méng xiǎo bèi dǎ qù de shuō āi yō gèng shòu bu
贝笑了笑。萌小贝打趣地说：“哎哟，更受不
liǎo le kuài diǎnr dá tí ba
了了！快点儿答题吧！”

kù xiǎo bǎo kàn kan shí jìng shang de shù shuō zhè xiē shù bǐ
酷小宝看看石镜上的数，说：“这些数比
jiào dà dàn shì wǒ zǎo jiù rèn shi zhè xiē shù zǎo jiù huì dú xiě zhè
较大，但是我早就认识这些数，早就会读写这
xiē shù le
些数了。”

kù xiǎo bǎo gāng yào dú shí jìng shuō huà le bì xū ràng qí
酷小宝刚要读，石镜说话了：“必须让其
tā rén lái dú
他人来读。”

kù xiǎo bǎo zhāng zhe de zuǐ ba lì jí bì shàng le
酷小宝张着的嘴巴立即闭上了。

méng xiǎo bèi shuō wǒ lái dú dì yī gè ba
萌小贝说：“我来读第一个吧！”

méng xiǎo bèi mò wěi de bú yòng dú kù xiǎo bǎo hái méi
“萌小贝，末尾的0不用读！”酷小宝还没
děng méng xiǎo bèi zhāng kǒu tí xǐng dào
等萌小贝张口，提醒道。

méng xiǎo bèi xiào xī xī de shuō wǒ zhī dào dì yī gè shù
萌小贝笑嘻嘻地说："我知道，第一个数
dú zuò sān qiān bā bǎi
读作：三千八百。"

méng xiǎo bèi dú wán dá àn chū xiàn zài de hòu miàn
萌小贝读完，答案出现在"3 800"的后面，
bìng chū xiàn le yí gè hóng sè de
并出现了一个红色的"√"。

bù lǔ lǔ shuō wǒ lái dú dì èr gè ba
布鲁鲁说："我来读第二个吧。"

kù xiǎo bǎo tí xǐng bù lǔ lǔ mò wěi de bú yòng dú o
酷小宝提醒布鲁鲁："末尾的0不用读哦。"

bù lǔ lǔ xiào zhe shuō wǒ zhī dào bù guǎn mò wěi yǒu jǐ
布鲁鲁笑着说："我知道，不管末尾有几
gè dōu bú yòng dú de dì èr gè dú zuò jiǔ qiān
个0，都不用读的，第二个读作：九千。"

bù lǔ lǔ dú wán dá àn chū xiàn zài hòu miàn bìng
布鲁鲁读完，答案出现在"9 000"后面，并
chū xiàn le yí gè hóng sè de
出现了一个红色的"√"。

xiǎo xiān nǚ shuō wǒ dú dì sān gè
小仙女说："我读第三个。"

kù xiǎo bǎo yòu tí xǐng xiǎo xiān nǚ zhōng jiān shí wèi shang de
酷小宝又提醒小仙女："中间十位上的0
bié wàng jì dú
别忘记读。"

xiǎo xiān nǚ xiào le shuō fàng xīn wǒ zhī dào zhè ge shù
小仙女笑了，说："放心！我知道，这个数

yīng gāi dú zuò èr qiān bā bǎi líng bā
应该读作：二千八百零八。”

xiǎo xiān nǚ dú wán hòu miàn chū xiàn le èr qiān bā
小仙女读完，“2 808”后面出现了二千八

bǎi líng bā bìng huà shàng le yí gè hóng sè de
百零八，并画上了一个红色的“√”。

xiǎo hú tu xiān tiáo pí de xiào le shuō kù xiǎo bǎo zuì hòu
小糊涂仙调皮地笑了，说：“酷小宝，最后

yí gè wǒ lái dú ba
一个我来读吧！”

kù xiǎo bǎo cháo xiǎo hú tu xiān bào quán shuō xiǎo hú tu xiān
酷小宝朝小糊涂仙抱拳，说：“小糊涂仙，

nǐ zhè cì kě bù néng tiáo pí dǎo dàn le o
你这次可不能调皮捣蛋了哦！”

xiǎo hú tu xiān xī xī xiào zhe shuō fàng xīn ba
小糊涂仙嘻嘻笑着说：“放心吧！”

kù xiǎo bǎo zhāng zuǐ yòu yào shuō shén me xiǎo hú tu xiān shuō
酷小宝张嘴又要说什么，小糊涂仙说：

bú yòng tí xǐng wǒ wǒ zhī dào zhōng jiān bù guǎn shì yǒu yí gè hái
“不用提醒我，我知道中间不管是有一个0还

shi liǎng gè dōu zhǐ dú yí gè
是两个0，都只读一个0。”

kù xiǎo bǎo zhōng yú fàng xià xīn lái shuō xiè xie
酷小宝终于放下心来，说：“谢谢！”

xiǎo hú tu xiān dū qǐ zuǐ shuō āi yō yòu gēn wǒ kè qi
小糊涂仙嘟起嘴说：“哎哟，又跟我客气，

wǒ zuì bù xǐ huan bié rén duì wǒ kè qi le
我最不喜欢别人对我客气了。”

kù xiǎo bǎo lì jí nù huǒ chōng tiān de shuō xiǎo hú
酷小宝立即“怒火冲天”地说：“小糊
tu xiān nǐ yào gǎn gěi wǒ chū cuò yào gǎn zài dǎo dàn wǒ gēn nǐ
涂仙，你要敢给我出错，要敢再捣蛋，我跟你
méi wán
没完！”

xiǎo hú tu xiān xī xiào zhe shuō zhè jiù duì ya wǒ jiù xǐ
小糊涂仙嬉笑着说：“这就对呀！我就喜
huan bié rén duì wǒ fā pí qi
欢别人对我发脾气。”

xiǎo xiān nǚ wēi xiào zhe shuō hǎo le xiǎo hú tu xiān bié dòu
小仙女微笑着说：“好了，小糊涂仙别逗
tā le
他了。”

xiǎo hú tu xiān qīng qing sǎng zi shuō dì sì gè shù yīng gāi
小糊涂仙清清嗓子，说：“第四个数应该
dú zuò wǔ qiān líng liù
读作：五千零六！”

xiǎo hú tu xiān dú wán hòu hòu miàn chū xiàn le wǔ
小糊涂仙读完后，“5 006”后面出现了五
qiān líng liù hái chū xiàn le yí gè dà dà de hóng
千零六，还出现了一个大大的红“√”。

jiē zhe shí jìng fā chū yào yǎn de guāng máng zài kàn kù xiǎo
接着，石镜发出耀眼的光芒。再看酷小
bǎo shēn tǐ yǐ jīng huī fù le yuán yàng kě shì tóu jìng rán hái shi
宝，身体已经恢复了原样，可是，头竟然还是
māo tóu
猫头。

jiě jiù kù xiǎo bǎo
解救酷小宝（3）

kù xiǎo bǎo kàn zhe shí jìng zhōng zì jǐ māo tóu rén shēn de mú
酷小宝看着石镜中自己猫头人身的模
yàng hěn shēng qì zhè hái bù rú yì zhī māo ne tā jǔ sàng de zuò
样，很生气，这还不如一只猫呢！他沮丧地坐
dào dì shàng shuāng shǒu bào tóu bǎ tóu mái zài xī gài shang
到地上，双手抱头，把头埋在膝盖上。

xiǎo xiān nǚ fēi dào kù xiǎo bǎo shēn biān qīng qīng de shuō kù
小仙女飞到酷小宝身边，轻轻地说：“酷
xiǎo bǎo hái yǒu yí miàn shí jìng ne kuài diǎnr qǐ lái dào lìng yí
小宝，还有一面石镜呢！快点儿起来，到另一
miàn shí jìng qián jiù néng ràng nǐ wán quán huī fù le
面石镜前，就能让你完全恢复了。”

kù xiǎo bǎo tīng le xiǎo xiān nǚ de huà lì jí tiào qi lai chōng
酷小宝听了小仙女的话，立即跳起来，冲
dào dì èr miàn shí jìng qián rán hòu yòu tū rán xiǎng qǐ shén me shì de
到第二面石镜前。然后又突然想起什么似的
huí guò tóu cháo xiǎo xiān nǚ hǎn xiǎo xiān yuè xiè xie nǐ
回过头，朝小仙女喊：“小仙乐，谢谢你！”

xiǎo xiān nǚ yòu zhǎng gāo le lí mǐ tián tián de xiào zhe shuō
小仙女又长高了1厘米，甜甜地笑着说：
bú kè qi la
“不客气啦！”

酷小宝用手拂去第二面石镜上的尘土，石镜上的题出现在大家眼前：

写出下面各数：

八千五百二十四　写作：＿＿＿＿＿＿

四千二百　写作：＿＿＿＿＿＿

五千零三十　写作：＿＿＿＿＿＿

六千零一　写作：＿＿＿＿＿＿

萌小贝看了看题说："应该还是让咱们四个人每人写一道题。"

小仙女说："咱们还按顺序来吧！"

酷小宝说："拜托大家了。"

萌小贝说："还是我先来吧！一个数从右边起依次是个位、十位、百位和千位。第一个数是八千五百二十四，说明这个数是由8个千、5

个百、2个十和4个一组成的，所以，千位上是8，百位上是5，十位上是2，个位上是4。”

萌小贝说着，用手在“八千五百二十四”后面的横线上写下：8 524，上面立即出现了一个“√”。

布鲁鲁说：“我来写第二个吧！”

酷小宝想到布鲁鲁来自其他星球，怕他出错，提醒道：“布鲁鲁，这个数十位和个位上一个单位也没有……”

布鲁鲁点点头说：“放心，酷小宝。我知道一个单位也没有就写数字0。”

酷小宝听了，终于放心了。

布鲁鲁说：“这个数由4个千和2个百组成，所以，千位上是4，百位上是2，十位和个

wèi shang yí gè dān wèi yě méi yǒu jiù xiě
位上一个单位也没有，就写0。”

bù lǔ lǔ zài dì èr gè shù hòu miàn xiě xià xiě wán
布鲁鲁在第二个数后面写下：4 200。写完
hòu tí hòu chū xiàn le yí gè
后，题后出现了一个“√”。

xiǎo xiān nǚ zuò dì sān dào tí shuō wǒ hái shi dì sān dào
小仙女做第三道题，说：“我还是第三道
tí zhè ge shù yóu gè qiān gè shí zǔ chéng suǒ yǐ qiān wèi
题。这个数由5个千、3个十组成，所以，千位
shang shì shí wèi shang shì bǎi wèi hé gè wèi shang yí gè dān wèi
上是5，十位上是3，百位和个位上一个单位
dōu méi yǒu nà me zài bǎi wèi hé gè wèi shang dōu xiě
都没有，那么，在百位和个位上都写0。”

xiǎo xiān nǚ zài dì sān gè shù hòu miàn xiě xià shuō
小仙女在第三个数后面写下“5 030”，说：
xiǎo hú tu xiān zuì hòu yí dào tí hái shi nǐ de
“小糊涂仙，最后一道题还是你的。”

xiǎo hú tu xiān xiào xī xī de wèn kù xiǎo bǎo hái xū yào tí
小糊涂仙笑嘻嘻地问：“酷小宝，还需要提
xǐng wǒ ma
醒我吗？”

kù xiǎo bǎo bù hǎo yì si de xiào le xiào shuō wǒ xiāng
酷小宝不好意思地笑了笑，说：“我相
xìn nǐ
信你！”

xiǎo hú tu xiān tiáo pí de wèn bú pà wǒ dǎo dàn le ya
小糊涂仙调皮地问：“不怕我捣蛋了呀？”

kù xiǎo bǎo cháo xiǎo hú tu xiān huī hui quán tóu shuō hng
酷小宝朝小糊涂仙挥挥拳头，说：“哼！

zhēn méi jiàn guo nǐ zhè zhǒng rén
真没见过你这种人！”

xiǎo hú tu xiān shuō hǎo le wǒ bú dòu nǐ le zhè ge shù
小糊涂仙说：“好了，我不逗你了。这个数

yóu gè qiān hé gè yī zǔ chéng bǎi wèi hé shí wèi shang dōu shì yí
由6个千和1个一组成，百位和十位上都是一

gè dān wèi yě méi yǒu suǒ yǐ dōu xiě
个单位也没有，所以都写0。”

xiǎo hú tu xiān zài zuì hòu yí gè shù hòu miàn xiě xià
小糊涂仙在最后一个数后面写下“6 001”，

gāng gāng xiě wán shí jìng shang fā chū qī cǎi de guāng máng fā shè
刚刚写完，石镜上发出七彩的光芒，发射

dào kù xiǎo bǎo shēn shang yào yǎn de guāng máng ràng dà jiā dōu bù yóu
到酷小宝身上，耀眼的光芒让大家都不由

zì zhǔ de mī shàng le yǎn jing
自主地眯上了眼睛。

děng dà jiā dōu zhēng kāi shuāng yǎn shí kù xiǎo bǎo yǐ jīng wán
等大家都睁开双眼时，酷小宝已经完

quán huī fù chéng le yuán lái de yàng zi
全恢复成了原来的样子。

kù xiǎo bǎo kàn kan jìng zhōng de zì jǐ xǐ yuè de yǎn lèi pēn
酷小宝看看镜中的自己，喜悦的眼泪喷

yǒng ér chū tā jī dòng de duì dà jiā shuō xiè xie xiè xie dà
涌而出，他激动地对大家说：“谢谢！谢谢大

jiā yòu zhuān mén duì xiǎo xiān nǚ shuō xiè xie xiǎo xiān yuè
家！”又专门对小仙女说：“谢谢小仙乐！”

xiǎo xiān nǚ de shēn tǐ fā chū róu hé de guāng tā yòu zhǎng gāo
小仙女的身体发出柔和的光，她又长高

le lí mǐ
了1厘米。

xiǎng chū dòng méi nà me róng yì
想出洞没那么容易

bù lǔ lǔ jiàn kù xiǎo bǎo yǐ jīng huī fù yuán mào shuō wǒ yě fēi cháng gǎn jī dà jiā duì wǒ de bāng zhù hěn gāo xìng rèn shi dà jiā wǒ yào lí kāi le

布鲁鲁见酷小宝已经恢复原貌，说：“我也非常感激大家对我的帮助！很高兴认识大家！我要离开了。”

dà jiā gēn suí bù lǔ lǔ zǒu dào dì yī gè shí dòng bù lǔ lǔ zǒu dào tā de fēi xíng qì qián shuō gè wèi wǒ huì xiǎng niàn nǐ men de wǒ huì huí lái kàn nǐ men de

大家跟随布鲁鲁走到第一个石洞，布鲁鲁走到他的飞行器前，说：“各位，我会想念你们的！我会回来看你们的！”

bù lǔ lǔ zǒu jìn fēi xíng qì kù xiǎo bǎo fēi cháng hào qí fēi xíng qì lǐ miàn dào dǐ shì shén me yàng zi kě shì bù hǎo yì si shuō chu lai

布鲁鲁走进飞行器，酷小宝非常好奇飞行器里面到底是什么样子，可是不好意思说出来。

bù lǔ lǔ xiàng shì kàn tòu le kù xiǎo bǎo de xīn si xiàng dà jiā zhāo shǒu shuō dà jiā dōu shàng lái ba wǒ dài nǐ men

布鲁鲁像是看透了酷小宝的心思，向大家招手说：“大家都上来吧！我带你们

yì chéng
一程！”

yē tài bàng le kù xiǎo bǎo dì yī gè pǎo guo qu méng
“耶！太棒了！”酷小宝第一个跑过去，萌
xiǎo bèi yě fēi cháng xīn xǐ de zǒu shàng qián qù xiǎo xiān nǚ hé xiǎo hú
小贝也非常欣喜地走上前去。小仙女和小糊
tu xiān yě fēi le guò qù
涂仙也飞了过去。

dà jiā dōu zuò shang qu le kù xiǎo bǎo hé méng xiǎo bèi jìn qù
大家都坐上去了。酷小宝和萌小贝进去
hòu dōng zhāng xī wàng lǐ miàn kàn qi lai yì diǎnr dōu bú fù zá
后东张西望，里面看起来一点儿都不复杂，
jiù xiàng yí gè yuán xíng de kōng fáng zi
就像一个圆形的空房子。

bù lǔ lǔ wèi shén me nǐ zhè ge fēi xíng qì li méi yǒu jià
“布鲁鲁，为什么你这个飞行器里没有驾
shǐ shì ne lián gè zuò wèi dōu méi yǒu zhàn zhe duō lèi ya
驶室呢？连个座位都没有，站着多累呀。”

bù lǔ lǔ xiào zhe shuō zhè ge fēi xíng qì shì yòng yǔ yīn cāo
布鲁鲁笑着说：“这个飞行器是用语音操
zuò xì tǒng kòng zhì fēi xíng de qǐ fēi zhī hòu zhè lǐ miàn shì méi yǒu
作系统控制飞行的。起飞之后，这里面是没有
zhòng lì de jiù xiàng nǐ men rén lèi de tài kōng fēi chuán yí yàng
重力的，就像你们人类的太空飞船一样，
zhàn zhe tǎng zhe dōu hěn shū fu
站着、躺着都很舒服。”

tài bàng le kù xiǎo bǎo xiǎng rú guǒ wǒ men dì qiú shang
“太棒了！”酷小宝想，如果我们地球上

也有这样的飞行器就好了。

布鲁鲁微笑着说："咱们要起飞了哦！"然后，布鲁鲁对飞行器说了一句大家都听不懂的话，飞行器瞬间就到了石洞口。

可是，石洞口竟然已经封闭，大家只好从飞行器里走出来。

石洞内黑漆漆的，只有飞行器发出幽暗的蓝光。布鲁鲁对飞行器说了一句嘟嘟噜国语，飞行器四周的灯都亮起来，石洞内一下子亮如白昼。

小仙女飞到石洞口，用魔法棒和金钥匙朝石洞口一挥，石洞口的石壁变成了一面电子屏，电子屏上出现了几道数学题：

答对题，可出洞，否则，永留洞中：

比较大小：

203 ◯ 2 003　　5 900 ◯ 6 001

999 ◯ 1 001　　3千克 ◯ 900克

2 361 ◯ 2 359　　4 001克 ◯ 4千克

dá duì tí kě chū dòng fǒu zé yǒng liú dòng zhōng xiǎo
“答对题，可出洞，否则，永留洞中。”小

xiān nǚ dú wán zhuǎn tóu fā xiàn kù xiǎo bǎo zhèng zhòu zhe méi tóu sī
仙女读完，转头发现酷小宝正皱着眉头思

kǎo tā shuō dà jiā yào yǒu xìn xīn bú yào jǐn zhāng qí xīn xié
考，她说，“大家要有信心，不要紧张，齐心协

lì yí dìng kě yǐ shùn lì chū dòng
力，一定可以顺利出洞！”

xiǎo hú tu xiān xiào xī xī de shuō zhè jǐ dào tí zěn me kě
小糊涂仙笑嘻嘻地说：“这几道题，怎么可

néng nán de zhù wǒ men jì cōng míng yòu ài sī kǎo de kù xiǎo bǎo ne
能难得住我们既聪明又爱思考的酷小宝呢？”

bù lǔ lǔ yě shuō shì ya hái yǒu cōng míng de méng
布鲁鲁也说：“是呀！还有聪明的萌

xiǎo bèi
小贝。”

méng xiǎo bèi gǔ lì kù xiǎo bǎo nǐ zhī qián zhǐ shì yì shí mǎ
萌小贝鼓励酷小宝：“你之前只是一时马

虎，说错了答案。相信自己，你很棒的！”

酷小宝听了大家鼓励的话，终于露出了笑容，说：“谢谢你们！我怎么可能那么容易被打倒呢？下面由我来做上面所有的题吧！”

大家都表示相信并支持酷小宝，酷小宝甜甜地笑了。

酷小宝说：“比较大小，应该先比较它们的位数。位数多的那个数当然比位数少的数要大。就像任何一个两位数一定比一个一位数大的道理一样。203是一个三位数，2 003是一个四位数，所以，第一个肯定填‘<’。”

大家都点点头，非常赞同酷小宝的说法。

酷小宝在第一道题上填上“<”，继续说：“第二个，5 900和6 001都是四位数，当位

shù xiāng tóng de shí hou kě yǐ bǐ jiào yí xià zuì gāo wèi zuì gāo
数相同的时候，可以比较一下最高位，最高

wèi dà de nà ge shù jiù dà wǔ qiān kěn dìng bǐ liù qiān xiǎo suǒ yǐ
位大的那个数就大。五千肯定比六千小，所以，

xiǎo yú
5 900小于6 001。”

bàng jí le kù xiǎo bǎo xiǎo xiān nǚ kuā zàn dào
“棒极了，酷小宝！”小仙女夸赞道。

kù xiǎo bǎo tián shàng dì èr dào tí jì xù shuō shì sān
酷小宝填上第二道题，继续说：“999是三

wèi shù shì sì wèi shù suǒ yǐ háo wú yí wèn xiǎo
位数，1 001是四位数，所以，毫无疑问，999小

yú
于1 001。”

bù lǔ lǔ diǎn dian tóu shuō kù xiǎo bǎo jì xù jiā yóu
布鲁鲁点点头，说：“酷小宝，继续加油！”

kù xiǎo bǎo jiē zhe jiǎng dì sì dào tí bù néng zhǐ kàn liǎng gè
酷小宝接着讲：“第四道题不能只看两个

shù hái yào kàn tā men de dān wèi tā men de dān wèi bù tǒng yī
数，还要看它们的单位。它们的单位不统一，

suǒ yǐ bì xū xiān huàn suàn le dān wèi hòu zài bǐ jiào qiān kè
所以，必须先换算了单位后再比较，1千克=

kè qiān kè kè suǒ yǐ qiān kè
1 000克，3千克=3 000克，所以，3千克>900

kè
克。”

xiǎo hú tu xiān xī xī xiào zhe shuō kù xiǎo bǎo nǐ hǎo lì
小糊涂仙嘻嘻笑着说：“酷小宝，你好厉

害！”

酷小宝听到小糊涂仙都夸奖自己了，冲他调皮地笑了笑，继续说：“2 361和2 359都是四位数，位数相同，最高位都是2，再看下一位，都是3，继续往后比较，十位上一个是6，一个是5，6当然大于5，所以，2 361>2 359。”

萌小贝说：“加油，酷小宝，咱们马上就可以出去了。”

酷小宝开心极了，说：“最后一个，4千克=4 000克，4 001克>4 000克，所以，4 001克>4千克。”

酷小宝讲完了，也填完了。当他把最后一个大于号填上之后，石洞的门霎时间就消失了。

dà jiā pǎo chū shí dòng kàn kan lán lán de tiān kōng lǜ róng róng
大家跑出石洞，看看蓝蓝的天空，绿茸茸

de cǎo dì xiān yàn qīng xīn de xiǎo huā kāi xīn de tiào wa chàng a
的草地，鲜艳清新的小花，开心地跳哇，唱啊！

qí xīn xié lì chū léi qū

齐心协力出雷区

bù lǔ lǔ kàn zhe yì zhāng zhāng xiào liǎn shí zài shě bu de lí kāi zhè xiē péng you dàn shì tā yǐ jīng zài zhè lǐ dāi le tài cháng shí jiān bì xū děi gēn dà jiā fēn bié le

布鲁鲁看着一张张笑脸，实在舍不得离开这些朋友，但是他已经在这里待了太长时间，必须得跟大家分别了。

bù lǔ lǔ shuō wǒ gāi zǒu le péng you men bú guò wǒ yí dìng huì huí lái kàn nǐ men de

布鲁鲁说：“我该走了，朋友们。不过，我一定会回来看你们的！”

dà jiā yě dōu shě bu de bù lǔ lǔ yī yī bù shě de yǔ tā dào bié

大家也都舍不得布鲁鲁，依依不舍地与他道别。

bù lǔ lǔ zǒu jìn fēi xíng qì cháo dà jiā huī hui shǒu shuō zài jiàn péng you men

布鲁鲁走进飞行器，朝大家挥挥手，说：“再见，朋友们！”

dà jiā kàn zhe bù lǔ lǔ de fēi xíng qì xiàng shǎn diàn yí yàng fēi yuǎn suī rán lián gè diǎnr dōu kàn bu dào le kě dà jiā hái shi duì

大家看着布鲁鲁的飞行器像闪电一样飞远，虽然连个点儿都看不到了，可大家还是对

zhe bù lǔ lǔ yuǎn qù de fāng xiàng níng shì le hěn jiǔ
着布鲁鲁远去的方向凝视了很久。

yí gè dǎ ban guài yì de hēi yī rén chū xiàn zài dà jiā miàn qián tā dài zhe yí gè dà dà de dǒu lì dǒu lì zhōu wéi de hēi shā zhē zhù le tā suǒ yǒu de miàn róng bǎ kù xiǎo bǎo tā men xià le yí tiào
一个打扮怪异的黑衣人出现在大家面前，他戴着一个大大的斗笠，斗笠周围的黑纱遮住了他所有的面容，把酷小宝他们吓了一跳。

xiǎo xiān nǚ dà shēng wèn hēi yī rén nǐ shì shuí nǐ shì shuí ya
小仙女大声问黑衣人：“你是谁？你是谁呀？”

hēi yī rén bù yǔ yī xiù zài dì shàng yì huī biàn lí kāi le
黑衣人不语，衣袖在地上一挥，便离开了。

kù xiǎo bǎo hé méng xiǎo bèi dī tóu yí kàn fā xiàn zì jǐ jiǎo xià de cǎo dì bú jiàn le qǔ ér dài zhī de shì yí kuài kuài zhèng fāng xíng de hè sè dì zhuān
酷小宝和萌小贝低头一看，发现自己脚下的草地不见了，取而代之的是一块块正方形的褐色地砖。

zěn me huí shì kù xiǎo bǎo bù jiě de wèn gāng yào tái jiǎo xiǎo xiān nǚ zhì zhǐ le tā
“怎么回事？”酷小宝不解地问，刚要抬脚，小仙女制止了他。

xiǎo xiān nǚ shuō　bié dòng　kù xiǎo bǎo hé méng xiǎo bèi dōu bú
小仙女说：“别动！酷小宝和萌小贝都不
yào dòng　nǐ men zhàn zài léi qū li le
要动！你们站在雷区里了。”

léi　léi qū　méng xiǎo bèi shuō　wǒ shuō zěn me gǎn
“雷——雷区？”萌小贝说，“我说怎么感
jué zhè me shú xi ne　zhè hé wǒ men zài diàn nǎo shang wán de sǎo léi
觉这么熟悉呢！这和我们在电脑上玩的扫雷
chà bu duō ya
差不多呀！”

kù xiǎo bǎo shuō　wǒ kě shì sǎo léi gāo shǒu ne
酷小宝说：“我可是扫雷高手呢！”

xiǎo hú tu xiān jǐng gào tā men　zhè ge léi qū gēn nǐ men wán
小糊涂仙警告他们：“这个雷区跟你们玩
de diàn nǎo yóu xì bù tóng　nǐ men wán de diàn nǎo yóu xì bú huì yǒu wēi
的电脑游戏不同。你们玩的电脑游戏不会有危
xiǎn　dà bu liǎo chóng wán yí cì　zhè lǐ rú guǒ bù xiǎo xīn　shì huì
险，大不了重玩一次。这里如果不小心，是会
méi mìng de
没命的！”

ǎ　kù xiǎo bǎo hé méng xiǎo bèi jīng chū yì shēn lěng hàn
“啊？”酷小宝和萌小贝惊出一身冷汗。

kù xiǎo bǎo wèn　xiǎo xiān yuè　nǐ yòng mó fǎ bàng bāng wǒ men
酷小宝问：“小仙乐，你用魔法棒帮我们
chū qù bù xíng ma
出去不行吗？”

xiǎo xiān nǚ yáo yao tóu shuō　bāng bu shàng de　wǒ gāng gāng
小仙女摇摇头说：“帮不上的。我刚刚

yòng mó fǎ bàng cè le yí xià yí gòng yǒu kē léi wǒ men bì xū
用魔法棒测了一下，一共有10颗雷。我们必须
bǎ suǒ yǒu de léi dōu zhǎo chu lai zuò shàng biāo jì cái néng ān quán
把所有的雷都找出来，做上标记，才能安全
lí kāi zhè lǐ xiàn zài wǒ men zhǐ yǒu qí xīn xié lì yì qǐ jiā
离开这里。现在我们只有齐心协力，一起加
yóu
油！”

xiǎo hú tu xiān shuō wǒ men tuán jié yì xīn yí dìng kě yǐ
小糊涂仙说：“我们团结一心，一定可以
shùn lì chū qù de
顺利出去的！”

xiǎo xiān nǚ duì kù xiǎo bǎo wēi wēi yí xiào shuō wǒ xiān bāng
小仙女对酷小宝微微一笑，说：“我先帮
nǐ kāi lù shuō zhe cóng kōng zhōng fǔ chōng xia lai jiàng luò dào kù
你开路。”说着，从空中俯冲下来，降落到酷
xiǎo bǎo hé méng xiǎo bèi zhōng jiān
小宝和萌小贝中间。

xiǎo xiān yuè xiǎo hú tu xiān xiǎng zǔ zhǐ kě yǐ jīng lái bu
“小仙乐！”小糊涂仙想阻止，可已经来不
jí le xiǎo xiān nǚ jiàng luò dào dì miàn de tóng shí dì zhuān bèi xiān
及了，小仙女降落到地面的同时，地砖被掀
kāi yí dà kuài dàn shì xiǎo xiān nǚ què biàn de hǎo xiǎo hǎo xiǎo jiù
开一大块。但是，小仙女却变得好小好小，就
xiàng kù xiǎo bǎo hé méng xiǎo bèi gāng gāng rèn shi tā shí yí yàng xiǎo
像酷小宝和萌小贝刚刚认识她时一样小。

xiǎo hú tu xiān shuō xiǎo xiān yuè wǒ yě lái shì yí xià
小糊涂仙说：“小仙乐，我也来试一下！”

shuō zhe xiǎo hú tu xiān yě jiàng luò dào le dì miàn dì zhuān yòu bèi
说着，小糊涂仙也降落到了地面，地砖又被

xiān kāi yí dà kuài xiǎo hú tu xiān méi yǒu biàn xiǎo tā běn lái jiù zhè
掀开一大块。小糊涂仙没有变小，他本来就这

me xiǎo kù xiǎo bǎo hé méng xiǎo bèi fēi cháng gǎn dòng tā men gǎn jué
么小。酷小宝和萌小贝非常感动，他们感觉

zhè cái shì zhēn zhèng de péng you zhēn zhèng de péng you jiù shì yào yǒu
这才是真正的朋友。真正的朋友，就是要有

nàn tóng dāng
难同当。

kù xiǎo bǎo hé méng xiǎo bèi de yǎn lèi duó kuàng ér chū tā
酷小宝和萌小贝的眼泪夺眶而出，他

men qiáng rěn xīn zhōng de bēi tòng kàn kan dì miàn qíng kuàng rèn zhēn
们强忍心中的悲痛，看看地面情况，认真

fēn xī
分析。

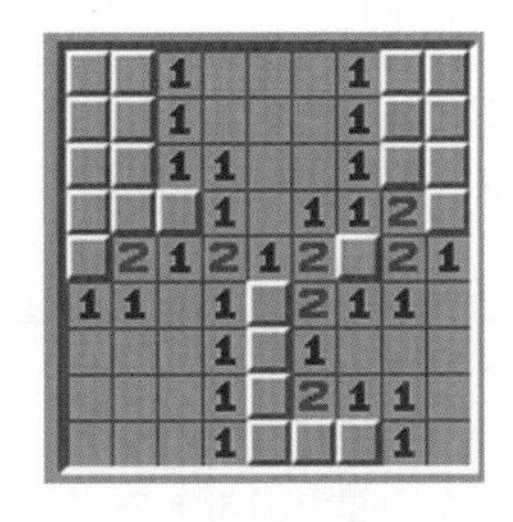

kù xiǎo bǎo hé méng xiǎo bèi hěn kuài jiù yòng zhèng fāng xíng kuàng de
酷小宝和萌小贝很快就用正方形框的

fāng fǎ zhǎo chū le kē léi
方法找出了6颗雷。

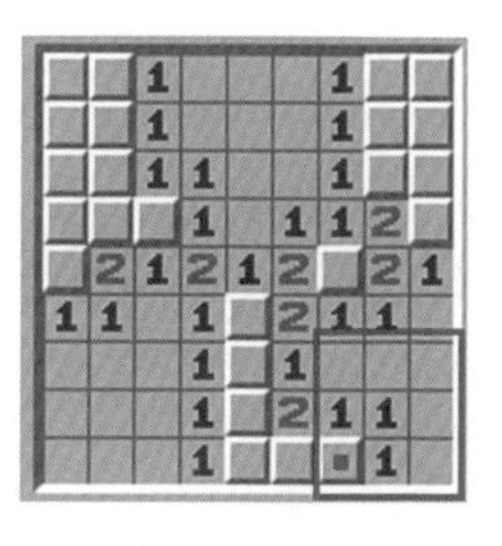

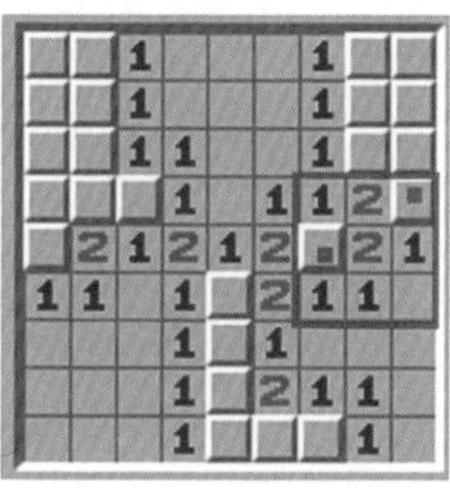

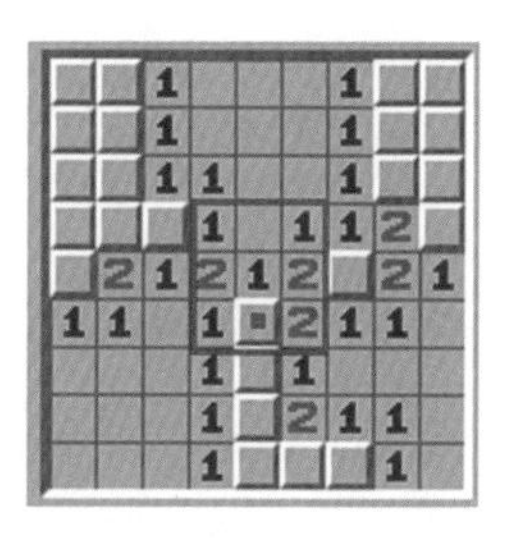

jiē zhe yòu zhǎo chū le shèng xià de léi
接着，又找出了剩下的雷。

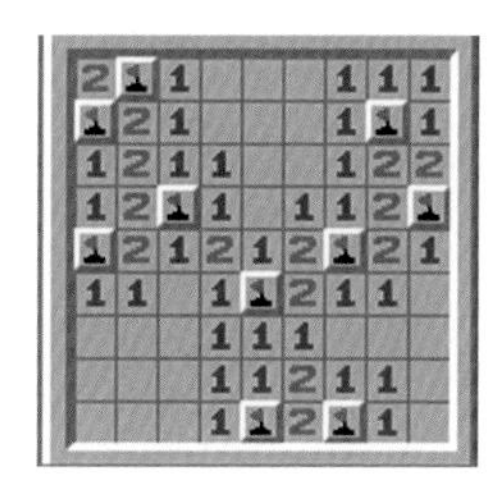

dāng bǎ suǒ yǒu de léi dōu zhǎo chu lai hòu dì zhuān xiāo shī
当把所有的雷都找出来后，地砖消失

le dà jiā yòu kàn dào le lǜ róng róng de cǎo dì
了，大家又看到了绿茸茸的草地。

kù xiǎo bǎo hé méng xiǎo bèi kāi xīn de tiào qi lai kě shì dāng
酷小宝和萌小贝开心地跳起来。可是，当

tā men kàn dào yòu biàn chéng lí mǐ de xiǎo xiān nǚ shí shāng xīn de
他们看到又变成10厘米的小仙女时，伤心地

kū qi lai
哭起来。

méng xiǎo bèi wèn xiǎo xiān yuè yǒu méi yǒu néng ràng nǐ kuài sù
萌小贝问："小仙乐，有没有能让你快速

zhǎng gāo de bàn fǎ
长高的办法？"

kù xiǎo bǎo shuō shì ya xiǎo xiān yuè wǒ men xiǎng bāng nǐ
酷小宝说："是呀，小仙乐，我们想帮你

kuài sù zhǎng gāo hái yǒu xiǎo hú tu xiān wǒ fēi cháng xiǎng ràng xiǎo hú
快速长高！还有小糊涂仙，我非常想让小糊

tu xiān zhǎng de xiàng wǒ yí yàng gāo
涂仙长得像我一样高。"

xiǎo xiān nǚ hé xiǎo hú tu xiān kàn zhe kù xiǎo bǎo hé méng xiǎo
小仙女和小糊涂仙看着酷小宝和萌小

bèi yǎn li hán zhe lèi zhū què xiào de nà me tián nà me xìng fú
贝，眼里含着泪珠，却笑得那么甜，那么幸福。

xiǎo xiān yuè zhǎng gāo bǎo bèi huí jiā

小仙乐长高，宝贝回家

suī rán jīng lì le zhè me duō shì qing xiǎo xiān nǚ yòu huí dào le
虽然经历了这么多事情，小仙女又回到了
yuán lái de shēn gāo kě tā bìng bù gǎn dào shāng xīn
原来的身高，可她并不感到伤心。

xiǎo xiān nǚ wēi xiào zhe shuō xiè xie nǐ men yǒu nǐ men zhè
小仙女微笑着说：“谢谢你们！有你们这
yàng de péng you wǒ gǎn jué zhēn shì tài xìng yùn tài xìng fú le
样的朋友，我感觉真是太幸运，太幸福了！”

wēi xiào zhe de xiǎo xiān nǚ shì nà me měi bèi yì quān róu hé de
微笑着的小仙女是那么美，被一圈柔和的
cǎi hóng lǒng zhào zhe xiàng zhàn zài mèng huàn zhōng yí yàng
彩虹笼罩着，像站在梦幻中一样。

kù xiǎo bǎo hé méng xiǎo bèi róu rou yǎn jing zhēng kāi yǎn shí
酷小宝和萌小贝揉揉眼睛，睁开眼时，
què fā xiàn xiǎo xiān nǚ bú jiàn le zhàn zài tā men miàn qián de shì yí
却发现小仙女不见了，站在他们面前的是一
gè hé tā men yí yàng gāo de nǚ háir
个和他们一样高的女孩儿。

xiǎo xiān yuè kù xiǎo bǎo hé méng xiǎo bèi sì chù zhāng wàng
“小仙乐！”酷小宝和萌小贝四处张望，
què kàn bu dào xiǎo xiān nǚ de yǐng zi
却看不到小仙女的影子。

眼前的女孩儿笑嘻嘻地说："嗨！朋友们，我就是小仙乐！我长高了呀！"

小糊涂仙围着小仙乐飞转了几圈，兴奋地大喊大叫。

"孩子！你真的长大了！"黑衣人突然出现在大家面前，他慢慢地把黑色的面纱掀开。

"师父？怎么是你？"小仙乐看到黑衣人的真面目，吃惊地问。

黑衣人温柔地笑了，说："是呀，就是我。是我为你安排的这一切，这是我们每一位数学城公主在成长过程中必须经历的。你不会怪师父吧？"

小仙乐愣了一下，然后，抱住师父，哭了，又笑了。她说："我感谢师父，感谢师父安排的

yí qiè ràng wǒ míng bai le hěn duō dào lǐ
一切，让我明白了很多道理。”

hēi yī rén pāi pai xiǎo xiān yuè de jiān bǎng shuō hǎo hái zi
黑衣人拍拍小仙乐的肩膀，说：“好孩子！

dài nǐ de péng you men huí shù xué gōng xiū xi shuō zhe huī le yí
带你的朋友们回数学宫休息。”说着，挥了一

xià yī xiù tā men mǎ shàng jiù dào le yí zuò huá lì de gōng diàn
下衣袖，他们马上就到了一座华丽的宫殿。

shù xué chéng chéng zhǔ lóng zhòng de jiē dài le tā men kù xiǎo
数学城城主隆重地接待了他们，酷小

bǎo hé méng xiǎo bèi yě zhōng yú míng bai le shì qing de zhēn xiàng yuán
宝和萌小贝也终于明白了事情的真相。原

lái xiǎo xiān yuè dài tā men dào de měi yí gè dì fang dōu shì chéng zhǔ
来，小仙乐带他们到的每一个地方，都是城主

shì xiān ān pái hǎo de xiǎo hú tu xiān bú huì zhǎng dà yīn wèi tā běn
事先安排好的。小糊涂仙不会长大，因为他本

lái jiù shì xiǎo xiān yuè gōng zhǔ de yí gè chǒng wù xiǎo jīng líng
来就是小仙乐公主的一个宠物小精灵。

kàn dào xiǎo xiān yuè yì jiā tuán jù kù xiǎo bǎo hé méng xiǎo bèi
看到小仙乐一家团聚，酷小宝和萌小贝

yě fēi cháng xiǎng niàn zì jǐ de bà ba hé mā ma tā men xiàng shù xué
也非常想念自己的爸爸和妈妈。他们向数学

chéng chéng zhǔ hé xiǎo xiān yuè gào bié shuō tā men gāi huí dào shǔ yú zì
城城主和小仙乐告别，说他们该回到属于自

jǐ de shì jiè le
己的世界了。

shù xué chéng chéng zhǔ fēi cháng gǎn xiè kù xiǎo bǎo hé méng xiǎo
数学城城主非常感谢酷小宝和萌小

bèi sòng gěi tā men liǎng dài bǎo bèi yí gè dài zi dà yí gè
贝，送给他们两袋宝贝，一个袋子大，一个

dài zi xiǎo
袋子小。

xiǎo xiān yuè shuō zhè liǎng dài dōu shì bǎo bèi nǐ men huí dào
小仙乐说：“这两袋都是宝贝，你们回到

jiā cái néng dǎ kāi
家才能打开。”

kù xiǎo bǎo shuō méng xiǎo bèi wǒ shì gē ge wǒ lì qì
酷小宝说：“萌小贝，我是哥哥，我力气

dà wǒ bēi dà kǒu dai
大，我背大口袋。”

méng xiǎo bèi wēi xiào zhe xiè xie gē ge bēi qǐ le xiǎo kǒu dai
萌小贝微笑着谢谢哥哥，背起了小口袋。

shù xué chéng chéng zhǔ jiàn tā liǎ zhè me yǒu ài wēi xiào zhe
数学城城主见他俩这么友爱，微笑着

shuō wǒ wèn nǐ men liǎ yí gè shù xué wèn tí nǐ men liǎ qiǎng
说：“我问你们俩一个数学问题，你们俩抢

dá
答。”

kù xiǎo bǎo hé méng xiǎo bèi yì tīng shù xué wèn tí shuǎng kuài de
酷小宝和萌小贝一听数学问题，爽快地

shuō méi wèn tí nín wèn ba
说：“没问题，您问吧！”

shù xué chéng chéng zhǔ wèn qiān kè mián huā hé qiān kè tiě
数学城城主问：“5千克棉花和5千克铁

kuài nǎ ge gèng zhòng yì xiē
块，哪个更重一些？”

kù xiǎo bǎo lì jí qiǎng dá dāng rán shì tiě kuài gèng zhòng xiē le
酷小宝立即抢答：“当然是铁块更重些了！”

méng xiǎo bèi xiào le shuō jì rán dōu shì qiān kè dāng rán shì tóng yàng zhòng de le
萌小贝笑了，说：“既然都是5千克，当然是同样重的了！”

shù xué chéng chéng zhǔ wēi xiào zhe diǎn dian tóu shuō méng xiǎo bèi huí dá zhèng què
数学城城主微笑着点点头，说：“萌小贝回答正确。”

kù xiǎo bǎo bù hǎo yì si de náo nao tóu shuō wǒ gāng gāng tài xīn jí le
酷小宝不好意思地挠挠头，说：“我刚刚太心急了。”

shù xué chéng chéng zhǔ xiào mī mī de shuō yǐ hòu bú yào zài jí xìng zi le
数学城城主笑眯眯地说：“以后不要再急性子了。”

xiǎo xiān yuè shuō hā hā sòng gěi nǐ men de zhè liǎng dài bǎo bèi suī rán yí gè dà yí gè xiǎo dàn zhì liàng shì yí yàng de
小仙乐说：“哈哈，送给你们的这两袋宝贝，虽然一个大，一个小，但质量是一样的。”

ò kù xiǎo bǎo xiào xī xī de shuō zhè yàng a bú guò wǒ hái shi xuǎn zé bēi dà de
“哦，”酷小宝笑嘻嘻地说，“这样啊！不过，我还是选择背大的。”

kù xiǎo bǎo bēi qǐ dà kǒu dai méng xiǎo bèi bēi qǐ xiǎo kǒu
酷小宝背起大口袋，萌小贝背起小口
dai shù xué chéng chéng zhǔ hé xiǎo xiān yuè xiǎo hú tu xiān cháo tā
袋，数学城城主和小仙乐、小糊涂仙朝他
men huī hui shǒu shuō zài jiàn huān yíng nǐ men suí shí dào shù xué
们挥挥手，说："再见！欢迎你们随时到数学
chéng lái wán
城来玩！"

kù xiǎo bǎo hé méng xiǎo bèi cháo tā men huī hui shǒu shuō zài
酷小宝和萌小贝朝他们挥挥手，说："再
jiàn liǎng gè rén gāng gāng shuō wán fā xiàn yǐ jīng zhàn zài le tā men
见！"两个人刚刚说完，发现已经站在了他们
jiā shū fáng li
家书房里。

tā men lí kāi jiā qián méi kàn wán de gù shi shū yī rán bǎi fàng
他们离开家前没看完的故事书依然摆放
zài shū zhuō shang zhōng biǎo shang de zhǐ zhēn yī rán zhǐ zhe tā men lí
在书桌上，钟表上的指针依然指着他们离
kāi jiā shí de wèi zhì
开家时的位置。

kù xiǎo bǎo hé méng xiǎo bèi pò bù jí dài de dǎ kāi liǎng gè kǒu
酷小宝和萌小贝迫不及待地打开两个口
dai tā men xiǎng kàn kan lǐ miàn shì shén me bǎo bèi
袋，他们想看看里面是什么宝贝。

dà kǒu dai li shì mǎn mǎn yì kǒu dai huā gāo hé huā chá tā men
大口袋里是满满一口袋花糕和花茶，它们
bèi zhuāng zài yí gè gè cǎi sè bō li qì mǐn zhōng
被装在一个个彩色玻璃器皿中。

xiǎo kǒu dai li shì yí kuài kuài qī cǎi shí měi kuài qī cǎi shí
小口袋里是一块块七彩石，每块七彩石

shang dōu xiě zhe xǔ yuàn shí sān gè zì
上都写着“许愿石”三个字。

zhè bǎo bèi zhēn shì tài bàng le kù xiǎo bǎo hé méng xiǎo bèi
“这宝贝真是太棒了！”酷小宝和萌小贝

kāi xīn de shuō
开心地说。